编委会

主　编： 张凌青

副主编： 朱继红　毛春春

编　者： 刘　超　张婧雯　张艳梅　马苗苗　王巍巍
　　　　　冯存丽　柏　丽　马　林　王　兰　盛维华
　　　　　杨进波　张建勇　蒋秋斐　朱继梅

畜禽粪污
资源化利用技术

张凌青 编著

黄河出版传媒集团
阳光出版社

图书在版编目（CIP）数据

畜禽粪污资源化利用技术 / 张凌青编著. -- 银川：阳光出版社，2023.11
　ISBN 978-7-5525-7127-1

Ⅰ.①畜… Ⅱ.①张… Ⅲ.①畜禽－粪便处理－废物综合利用－研究 Ⅳ.①X713.05

中国国家版本馆CIP数据核字(2023)第242157号

畜禽粪污资源化利用技术　　　　张凌青　编著

责任编辑	马　晖
封面设计	赵　倩
责任印制	岳建宁

黄河出版传媒集团
阳光出版社　出版发行

出 版 人	薛文斌
地　　址	宁夏银川市北京东路139号出版大厦（750001）
网　　址	http://www.ygchbs.com
网上书店	http://shop129132959.taobao.com
电子信箱	yangguangchubanshe@163.com
邮购电话	0951-5047283
经　　销	全国新华书店
印刷装订	宁夏银报智能印刷科技有限公司
印刷委托书号	（宁）0027826

开　本	880 mm×1230 mm　1/16
印　张	13.5
字　数	200千字
版　次	2023年11月第1版
印　次	2023年11月第1次印刷
书　号	ISBN 978-7-5525-7127-1
定　价	58.00元

版权所有　翻印必究

前　言

习近平总书记强调，加快推进畜禽养殖废弃物处理和资源化，关系6亿多农村居民生产生活环境，关系农村能源革命，关系能不能不断改善土壤地力、治理好农业面源污染，是一件利国利民利长远的大好事。

近年来，宁夏农业农村系统认真贯彻落实中央和自治区决策部署，畜禽粪污资源化利用水平显著提升。2021年宁夏畜禽粪污产生量3 637.4万t，规模养殖场粪污处理设施装备配套率、畜禽粪污综合利用率分别达到99.8%和98.7%，均高于全国平均水平，实现了畜禽粪污"变废为宝"。然而，宁夏畜禽养殖仍以千家万户为主，"人畜混居"现象依然存在，畜禽粪污资源化利用工作相比南方起步较晚，综合利用方式单一、标准不高、成效不稳固，种养结合循环发展还不紧密，成为影响畜牧业高质量发展的难题。

为深入贯彻落实党的二十大精神和宁夏第十三次党代会精神，有力促进畜禽粪污源头减量、过程控制、末端利用，持续提高对畜禽粪污管理人员、技术人员指导服务能力，宁夏畜牧工作站立足全区畜牧业发展、粪污处理利用等现状，组织编写了《畜禽粪污资源化利用技术》一书，全书共分为三篇：第一篇畜禽粪污资源化利用概况；第二篇宁夏畜禽粪污资源化利用技术模式；第三篇畜禽粪污资源的利用管理制度。内容涵盖畜禽粪污概念及常识、国内畜禽粪污资源化利用概述、宁夏畜禽粪污资源化利用概述、主要畜禽粪污资源化利用技术模式、主要典型案例、畜禽粪污资源化利用管理制度、相关法律法规及政策、相关标准及技术规范等。本书针对性、实用性、操作性较强，可供学习、借鉴和参考。

书中不妥之处在所难免，敬请广大读者批评指正。

编　者

2022年12月

目 录

第一篇 畜禽粪污资源化利用概况 / 001

第一章 畜禽粪污概念及常识 / 003
第一节 基本概念 / 003
第二节 基本常识 / 008

第二章 国内畜禽粪污资源化利用概述 / 016
第一节 我国畜禽粪污资源化利用现状 / 016
第二节 畜禽粪污资源化利用趋势 / 023

第二篇 宁夏畜禽粪污资源化利用技术模式 / 027

第一章 宁夏畜禽粪污资源化利用概述 / 029
第一节 宁夏畜牧业发展概况 / 029
第二节 宁夏畜禽粪污资源化利用概况 / 032

第二章 主要畜禽粪污资源化利用技术模式 / 041
第一节 种养结合类 / 041
第二节 清洁回用类 / 049
第三节 达标排放类 / 055

第三章　主要典型案例 / 061
　　第一节　粪污资源化利用整县推进典型案例 / 061
　　第二节　种养结合典型案例 / 078
　　第三节　清洁回用典型模式 / 084
　　第四节　集中处理典型案例 / 088
　　第五节　规模下养殖户粪污处理典型案例 / 094

第三篇　畜禽粪污资源化利用管理制度 / 103

　　省级温室气体清单编制指南 / 105
　　畜禽粪污土地承载力测算技术指南（试行）/ 117
　　关于加强畜禽粪污资源化利用计划和台账管理的通知 / 127

参考文献 / 134

附　录 / 135

　　中华人民共和国国务院令（第643号）/ 137
　　畜禽规模养殖污染防治条例 / 137
　　农业部办公厅关于印发《畜禽规模养殖场粪污资源化利用设施建设规范（试行）》的通知 / 145
　　畜禽规模养殖场粪污资源化利用设施建设规范（试行）/ 145
　　农业农村部办公厅　生态环境部办公厅关于促进畜禽粪污还田利用依法加强养殖污染治理的指导意见 / 148
　　农业农村部办公厅　生态环境部办公厅关于进一步明确畜禽粪污还田利用要求强化养殖污染监管的通知 / 153
　　全国畜牧总站关于印发《规范畜禽粪污处理降低养分损失技术指导意见》的通知 / 156

规范畜禽粪污处理降低养分损失技术指导意见 / 156

中华人民共和国国家标准 GB 5084—2021 农田灌溉水质标准 / 160

中华人民共和国国家标准 GB/T 36195—2018 畜禽粪便无害化处理技术规范 / 175

中华人民共和国农业行业标准 NY/T 3442—2019 畜禽粪便堆肥技术规范 / 180

中华人民共和国国家标准 GB/T 25246—2010 畜禽粪便还田技术规范 / 195

第一篇

畜禽粪污资源化利用概况

第一章　畜禽粪污概念及常识

第一节　基本概念

一、粪污

粪污是指畜禽养殖过程中产生的粪便、污水等废弃物。广义上讲，粪污包括畜禽养殖过程中产生的粪、尿、垫料、冲洗水、动物尸体、饲料残渣和臭气等；狭义上讲，粪污是指畜禽粪、尿排泄物及其与冲洗水、雨水形成的混合物。动物尸体要求单独收集，专门化处理，故本书中粪污取其狭义内涵。

粪污根据其中的固体和水分含量直观上分为固体和液体两种形态。如果按照粪污中固体物质含量多少则可以将其形态进一步细分为固体、半固体、粪浆和液体，这四种形态的固体物质含量分别为 >20%、10%~20%、5%~10%、<5%。粪污的相邻形态之间，并没有一定明显的分界线。

（一）固体粪便

固体粪便主要成分有水分、粗蛋白、粗脂肪、粗纤维和无氮浸出物等，在新鲜状态下含有较多水分，因畜禽种类、品种、年龄、生产阶段、饲料原料和配方、饲养方式的不同其含水量也不同。在各种畜禽粪便中，牛粪含水量较多，约占83%；猪粪的含水量在80%左右；羊粪的含水量较少，约占68%。畜禽粪便中氮的来源主要有两方面，一是未消化的饲料蛋白，二是机体代谢氮。粪便中氮多以有机氮状态存在，不能直接被植物体吸收利用，只有矿化后才能被植物吸收，而无机氮可以直接被植物体吸收利用，而且含氮有机物在厌氧条件下可分解产生氨、甲氨、硫化氢、挥发性脂肪酸等各种恶臭气体。粪氮的存在形式在不同畜禽中差异很大，猪粪中纯蛋白含量较高，占粪氮总量的60%以上；牛粪氮主要以铵态氮和尿素形式存在，纯蛋白含量较少；鸡粪氮以纯蛋白为主，其次是尿酸和铵态氮，尿素和其他含氮物很少。各种粪便中以鸡粪中氮含量最高，其次是猪粪，草食动物粪氮相对较低。固体粪便中的矿物质因饲料来源、畜禽种类、畜禽品种、矿物种类不同存在较大差异，其中有机形式的磷（P）必须经过分解矿化后才能被植物吸收利用。钾（K）在干粪中多以无机形式存在，几乎全部能被植物体吸收利用。粪便中微生物很多，存在于大肠中的微生物在粪便中几乎都能找到，同时由于受环境微生物的污染，微生物种类和数量就会更多，除正常的微生物群外，常见的病原微生物主要有沙门氏菌属、志贺氏菌属、埃希氏菌属及各种曲霉菌属的致病菌型，不同畜种微生物菌群也不同。寄生于畜禽消化道和与消化道相连的脏器中的寄生虫虫卵、幼虫、成虫也会与粪便一同排出，部分呼吸道寄生虫也可能出现在粪便中。

同时，粪便中含有多种激素，粪便中的激素含量与动物的生长阶段、生理状态和激素类药物的使用情况有关，与饲料和垫料的成分也有一定的关系。抗生素的含量主要取决于抗生素药物或添加剂的使用量及机体的代谢状况。

（二）尿液

尿液的成分主要来源于血液，少数物质由肾脏本身合成，其成分受动物种类、年龄、性别、饲料成分、饮水量、季节、气候和机体代谢强度等因素影响而有所变化，一般情况下，尿液中水分含量占95%～97%，固体物质占3%～5%。畜禽尿液因畜种不同含水量不同，家禽是泄殖腔，粪尿混合在一起，羊尿液中水分含量较少，牛、马、驴、骡比羊高，奶牛和生猪最高。尿液中固体物质包含无机物和有机物，无机物主要是钾、钠、钙、镁和氨的各种盐，有机物质主要为非蛋白质含氮物，包含尿素、尿酸、尿囊素等。尿素是尿液中主要含氮物，含量在1.5%～2.5%，约占固体物质总量的50%。在健康畜禽尿液中不存在病原菌，寄生虫检出种类也不多，主要为一些寄生在泌尿系统的蠕虫和原虫，部分消化系统寄生虫卵或幼虫也可能随尿排出。

传统的牧业生产中尿液和粪便一般不做粪尿分离，一同收集堆积，由于水分含量较高，粪尿中的含碳有机物和含氮有机物厌氧发酵，产生大量挥发性臭味物质和磷酸盐，对空气造成污染。

（三）粪水

粪水是指畜禽养殖与粪污处理过程中产生的污水，包括尿液、冲洗水、沼液以及沼渣沼液混合物等。冲洗水主要来源于水冲粪工艺，生猪养殖场（户）和奶牛待挤区多采用这种模式收集粪污，用水量大，形成的粪污比较多。随着畜牧业现代化养殖水平的提高，夏季为了减少热应激，99%以上的奶牛场会采取喷雾、喷淋等方式给牛体降温，降温产生的废水和粪污混为一体，大幅度增加了粪污产生量。雨水和污水不分流或分离不彻底的养殖场（户），雨污混合后，也大大增加了粪污量。

二、粪肥

粪肥是指以畜禽粪污为主要原料，通过无害化处理，充分杀灭病原菌、虫卵和杂草种子后作为肥料还田利用的堆肥、商品有机肥、沼渣、肥水和沼液等，可分为固体粪肥和肥水。同时，根据无害化处理程度粪肥又分为生粪、熟粪。

（一）生粪

生粪是未经堆沤、发酵等无害化处理措施处理过的或处理未达到无害化处理要求的粪肥，包括干粪和尿液。畜禽粪尿混合物普遍是酸性肥料（pH 为 3.6~4.7），生粪中含有病原微生物、抗生素、重金属、钠盐及虫卵等，生粪分解过程中消耗土壤氧气，并产生甲烷、氨、挥发性脂肪酸等有害气体，大大降低了肥效。

过度施用生粪，一是生粪直接使用会导致大肠杆菌、线虫等病菌和害虫的传播；二是生粪会在土壤中二次发酵导致烧苗现象，危害农作物生长，严重时导致植株死亡，如果是施肥给果树，酸性肥料会导致果树烂根、黄叶，甚至死亡；三是生粪中有机质在分解过程中会消耗土壤中的氧气，同时产生甲烷、氨、乙烯等有害气体，导致土壤和作物产生酸害和根系损伤，抑制作物生长；四是造成土壤重金属和抗生素污染，影响农作物食品安全；五是引起土壤中溶解盐沉积，影响土壤肥力；三是造成地表水和地下水水质污染。

（二）熟粪

熟粪是经堆沤、堆肥等措施发酵处理过的、达到无害化处理标准的粪肥，是干粪、尿液及各种添加物均匀混合沤熟后的综合性肥料。熟粪施用于植物更容易吸收，有机质全面，肥效长，能提供植物和果树生长所需营养物质，对改良土壤肥力、土壤结构和理化性质非常有利。

（三）肥水

肥水是指畜禽粪污通过多级沉淀、氧化塘、厌氧发酵等方式经无害化处理后，以液态肥料利用的粪肥。

三、清粪

随着畜牧业的快速发展，畜禽养殖规模化比例不断提高，导致畜禽生产、繁殖、生长等生命活动均在圈舍内完成，畜禽生命代谢所产生的粪和尿液排泄到畜禽圈舍内，如不及时清理，会导致畜禽舍内空气环境质量下降，发病率增高，畜禽生长繁殖受影响，所以清粪在现代畜禽养殖中显得愈加重要。粪污中含有多种致病微生物，通常也是有害微生物和病原菌生长繁殖的地方，容易传播疾病；粪污经厌氧发酵后还会产生有毒气体，也是一种危害。因此畜禽养殖过程中要采取适当的清粪方式，及时清理畜禽舍内粪便，便于后期的无害化处理。

目前畜禽养殖过程中主要的清粪方式有干清粪、水冲粪和水泡粪三大类清粪方式。养殖场要根据生产实际选择合适的清粪方式，首先养殖场应综合考虑畜禽种类、饲养方式、劳动成本、养殖经济状况等多方面因素选择清粪方式，例如蛋鸡养殖主要采取多层笼养，生产过程中几乎只产生固体粪便，因而采用干清粪方式。其次清粪方式应与粪污后期处理工艺环节相互参照，可以根据选定的清粪方式确定相匹配的粪污处理技术，也可根据选定的粪污处理技术确定相匹配的清粪方式。

一般鸡场主要的清粪工艺为干清粪；大型猪场投资充足、管理正规、配备有较完善的粪污处理设施和设备，故可选择机械清粪（刮粪板）和水泡式清粪工艺；中小型生猪养殖场投资金额不高，宜采用干清粪工艺；奶牛场规模化比例高，多采用干清粪工艺。

（一）干清粪

干清粪是采用人工或机械方式从畜禽舍地面收集全部或大部分的固体粪便，地面残余粪尿用少量水冲洗，从而使固体和液体分离的一种清粪方式，包括人工干清粪和机械干清粪。

干清粪的主要目的是尽量防止固体粪便与尿、污水混合，使粪便和尿液一经产生就分流，从而减少水资源消耗，简化污水后处理工艺及设备，降低污水后处理成本；提高有机肥肥效，利于粪便肥料的资源化利用；有效清除畜禽舍内的粪便和尿液，保持畜禽圈舍环境卫生。

人工清粪是通过人工清理畜禽圈舍地面的固体粪便，这种清粪方式主要在20世纪80年代到90年代养殖场中比较常用，但随着近年来畜禽养殖规模化比例增高和人工成本的不断增加，人工清粪的使用越来越少，主要集中在小规模养殖场和部分家庭养殖等。机械清粪是利用专用的机械设备替代人工清理出畜禽圈舍地面的固体粪便，直接将固体粪便运输至畜禽舍外或粪便贮存设施，机械清粪是现代规模化养殖发展的必然趋势。机械清粪根据清粪机械设备的不同分为机动铲式、刮板式、输送带式清粪。

（二）水冲式清粪

水冲式清粪是采用喷水头把粪尿混合物从圈舍一端开始全部清理到粪沟，粪水顺着粪沟流入贮粪池的一种清粪方式。水冲式清粪劳动强度小、效率高，且可以很好地保持畜禽圈舍环境清洁，有利于动物健康。同时缺点也很明显，耗水量比较大，以万头猪场为例，每天冲洗猪舍粪便用水量在$200\sim250\,m^3$，粪污中 COD 含量为$15\,000\sim25\,000\,mg/L$，BOD 为$7\,000\sim10\,000\,mg/L$，固体悬浮物为$17\,000\sim20\,000\,mg/L$。固液分离后，大部分的可溶性有机物质及微量元素等留在污水中，污水中的污染物浓度仍然很高，而固体物养分含量低，肥料价值低。

（三）水泡式清粪

水泡式清粪主要是在猪舍内的排粪沟中注入一定量的水，粪尿、冲洗和饲养管理用水一并排放到缝隙地板下的粪沟中，贮存一定时间，待粪沟装满后，打开出口的闸门,将粪沟中粪水排出,进入贮粪池的一种清粪方式。这种清粪方式主要存在于生猪养殖场。水泡式清粪方式较水冲式清粪节省水资源和人力,每天头均需水量10~15 L。但由于粪便长时间在圈舍内停留,形成厌氧发酵,会产生大量的硫化氢、甲烷等有害气体,造成圈舍空气环境恶化,动物长时间生存在毒气体的环境,影响畜禽身体健康状况;粪污污染物浓度高,为后续处理来较大难度,增加了粪污处理成本。

第二节 基本常识

一、畜禽粪污对环境的危害

畜禽采食营养物质后,一部分被动物体代谢吸收用于自身生长和繁殖,其余部分则以代谢物的形式排出体外,进入环境形成粪污,同时伴有大量的病原微生物。未经适当处理的畜禽粪污会对周边地表和地下水、土壤、大气及人类健康均造成极大的危害。

(一)对地表水和地下水的危害

畜禽粪污在贮存、处理、利用等过程中,可能通过渗漏或径流进入地表或地下水,将氮和磷带入水体,造成水体氮磷浓度增高,水生植物和藻类异常增生,导致地表水水体富营养化,地下水水质参数超标。

(二)对土壤的危害

未经处理的粪污直接施用于土壤,可能传播病原菌和发酵烧苗外,长期过量施用,可能造成氮、磷、钾等养分,药物残留和重金属等在土壤中累积,导致地下水硝酸盐污染,地表水磷(P)污染以及农作物中重金属或其他微量元素超标。农田中重金属负荷主要来源于畜禽粪污,如未被消化吸收的锌(Zn)随粪便一起排出,施用于土壤影响作物的生长和发育,造成作物减产;镉(Cd)等重金属对作物产量没有影响,但能通过作物的可食用部位直接危害人体健康。

(三)对大气环境的危害

在畜禽粪便和污水贮存、处理的过程中会产生和挥发大量的氨气、硫化氢、挥发性脂肪酸等臭气物质，引起臭气污染。《中华人民共和国气候变化初始国家信息通报》中显示，1994年我国温室气体总36.50亿t二氧化碳当量，其中动物粪便管理过程排放的氧化亚氮15.5万t，占农业氧化亚氮排放的19.69%，成为重要的农业温室气体排放源。

（四）生物风险

畜禽养殖废弃物中含有大量的细菌、病毒和寄生虫等病原微生物，部分病原微生物在离开动物身体后，在条件适宜的情况下仍可存活，且在土壤中的存活时间更长，对畜禽和人类健康都会造成极大的威胁。

二、粪污管理注意事项

要做好畜禽粪污管理，必须系统关注养殖生产过程中与粪污相关的各个环节，将各个环节的工作落到实处。粪污管理涉及粪污源头减量、收集、运输、处理、利用等多个环节。

（一）粪污源头减量

畜禽饲养过程中污染物的源头减量是一个系统工程，涉及饲料、生产模式选择、设施设备选型、粪污收集转运与处理、畜禽场管理等众多环节。与传统的排污口治理的末端处理模式不同，源头减量是以整体预防污染物为主的一种环保策略。

一是综合畜禽种类、生长阶段，通过使用低蛋白日粮配方、微生物制剂、酶制剂等饲料添加剂和低氮低磷矿物质饲料配方等措施，有效提高饲料转化效率，控制粪便中氮磷的排泄量。同时严格执行饲料添加剂和兽药使用规范及要求，控制药物残留量和重金属产生量。二是优化养殖设备及清粪工艺，改进建筑设计，做到"三分三减"：雨污分流，减雨水。建设独立的雨水和污水收集管网系统，实现雨水、污水分开收集，避免雨水进入污水系统，在雨季可极大地减少养殖场污水产生量。据郭海波等报道，通过雨污分离可减少养殖场污水10%~15%。干湿分离，减冲水。引导生猪、奶牛规模养殖场改水冲粪、水泡粪为干清粪，推荐使用机械干清粪及粪尿干湿分离技术。试验表明，经不同清粪工艺的猪场污水水质和水量比较，干清粪比传统水冲粪和水泡粪工艺可分别减少污水排放量60%~70%和40%~50%。饮污分离，减饮水。根据不同畜禽品种、生产阶段选择合适的饮水器，饮水器的安装高度和水压要符合规定要求，防止饮水浪费及外流。常用的乳头式饮水器，会因畜种咬住乳头不放而造成大量饮水的浪费和污水产生。试验表明，杯状、悬挂式饮水器可避免上述现象的发生，可节约耗水量5%~10%，产生的污水也可减少5%左右。

（二）粪污收集和运输

养殖场建设初期需充分考虑粪污处理工艺，合理规划养殖场布局，做到净道、污道分开，饲养人员行走、场区内饲料运送等走净道，粪便等养殖废弃物和病死动物出场走污道；生产区和办公区内净道、污道应分开布置，不得交叉，并定期消毒。粪污存贮场地（即集粪场）要有"三防"设施，即防雨、防渗和防溢漏。防雨是在集粪场上面搭建彩钢瓦，避免雨水淋入，增加后续处理难度；防渗是把集粪场地面要用混凝土硬化，避免渗入土壤，污染地下水质；防溢漏是要在集粪场周边用砌砖、水泥造面等措施，避免粪污溢漏，污染地表水质。粪污收集和运输要根据工艺设计选择合适的收集技术和运输方式，运输过程中应避免粪污洒落，粪污输送管道应做到雨污分离。

（三）粪污处理和利用

粪污应尽可能就近处理，避免长途运输。同时，粪污处理和利用技术应符合当地环境要求以及相配套的粪便收集工艺。粪污处理设施应建设在隔离区内，在生产区夏季主导风向的下风向、侧风向处或地势较低处，设围墙或林带与生产区隔离，最好设专门的进出通道。

三、粪污处理技术选择原则

在选择粪污处理技术时，须充分考虑粪污产生前和产生过程中如何减量，同时要考虑粪污产生后怎么处理，按照"减量化、资源化、无害化"原则，推广生态健康养殖。一是通过改进和完善饲养工艺及相关技术设备，减少粪污产生量，既可节约资源，也可以降低粪污后处理和运行成本。二是粪污中的氮、磷、钾等养分，经适当处理后可生产土壤改良剂或农作物生长所需的有机肥料，实现粪污资源化利用。三是通过高温、好氧或厌氧等无害化处理工艺，杀灭粪污中的病原微生物等有害物质，减少对人类健康的影响。

四、畜禽粪尿产生量

畜禽粪尿排泄量受种类、品种、性别、生长期、饲料、气候等诸多因素影响，粪尿产生量也存在较大差异。根据第一次全国污染普查资料，我国生猪、奶牛、肉牛、蛋鸡和肉鸡粪尿产生量见表1-2-1。畜禽粪尿产量的估算便于养殖场（小区）根据养殖规模设计集粪场面积和沉淀池的容积。奶牛场和生猪养殖场沉淀池容积还需考虑待挤区或圈舍冲洗水的产生量。

表 1-2-1　畜禽粪尿产生量

畜禽种类（体重）	污染物指标	单 位	产污系数
保育猪（30 kg）	粪便量	kg／（头·d）	0.5～1.0
	尿液量	kg／（头·d）	1.0～1.9
育肥猪（70 kg）	粪便量	kg／（头·d）	1.1～1.8
	尿液量	kg／（头·d）	2.1～2.5
妊娠母猪（210 kg）	粪便量	kg／（头·d）	1.6～2.0
	尿液量	kg／（头·d）	3.5～5.0
育成牛（375 kg）	粪便量	kg／（头·d）	14.1～15.1
	尿液量	kg／（头·d）	6.8～8.2
泌乳奶牛（700 kg）	粪便量	kg／（头·d）	31.6～32.8
	尿液量	kg／（头·d）	13.2～15.2
育肥牛（400 kg）	粪便量	kg／（头·d）	14.0～15.0
	尿液量	kg／（头·d）	7.0～9.0
育雏育成鸡（1.2 kg）	粪便量	kg／（头·d）	0.07～0.08
产蛋鸡（1.9 kg）	粪便量	kg／（头·d）	0.15～0.17
商品肉鸡（1.0～2.4 kg）	粪便量	kg／（头·d）	0.12～0.22

五、不同畜禽主要污染物的产污系数

根据第一次全国污染普查资料,我国生猪、奶牛、肉牛、蛋鸡和肉鸡等畜禽的主要污染物的产污系数见表1-2-2。

表1-2-2 畜禽主要污染物的产物系数

动物种类	饲养阶段	参考体重	污染物指标	单 位	产污系数
生猪	保育	30 kg左右	化学需氧量	g/(头·d)	160~240
			全氮	g/(头·d)	10~20
			全磷	g/(头·d)	1.4~3.5
	育肥	70 kg左右	化学需氧量	g/(头·d)	330~420
			全氮	g/(头·d)	25~33
			全磷	g/(头·d)	3.2~6.0
	妊娠	210 kg	化学需氧量	g/(头·d)	470~480
			全氮	g/(头·d)	40~44
			全磷	g/(头·d)	5.1~9.9
奶牛	育成牛	375 kg	化学需氧量	g/(头·d)	2 800~3 000
			全氮	g/(头·d)	100~120
			全磷	g/(头·d)	12.5~14.3
	产奶牛	700 kg	化学需氧量	g/(头·d)	5 700~6 500
			全氮	g/(头·d)	210~270
			全磷	g/(头·d)	18~62
肉牛	育肥牛	400 kg	化学需氧量	g/(头·d)	2 700~3 100
			全氮	g/(头·d)	72~153
			全磷	g/(头·d)	13~20

续表

动物种类	饲养阶段	参考体重	污染物指标	单 位	产污系数
蛋鸡	育雏育成	1.2 kg	化学需氧量	g/(头·d)	12~21
			全氮	g/(头·d)	0.66~0.84
			全磷	g/(头·d)	0.18~0.33
	产蛋鸡	1.9 kg	化学需氧量	g/(头·d)	18.5~27.0
			全氮	g/(头·d)	1.0~1.4
			全磷	g/(头·d)	0.4~0.5
肉鸡	商品肉鸡	1.0~2.4 kg	化学需氧量	g/(头·d)	20~42
			全氮	g/(头·d)	1.0~1.2
			全磷	g/(头·d)	0.3~0.5

六、污水贮存池体积确定

畜禽养殖场污水主要来自畜禽圈舍冲洗水、未清理出的粪尿以及管理区生活废水等，在涉及污水贮存池的时候还需要考虑当地降水影响以及预留不可预见体积，计算公式如下：

$$V_{污水贮存} = V_{污水} + V_{降水} + V_{预留}$$

式中：

$V_{污水}$——养殖场污水体积，m^3；

$V_{降水}$——降水量体积，m^3；

$V_{预留}$——预留安全体积，m^3。

污水体积：水冲粪工艺，参考猪、鸡、牛每百头存栏日产污水 3.0 m^3、0.1 m^3 和 25.0 m^3 计算；干清粪工艺，参考猪、鸡、牛每百头存栏日产污水 1.50 m^3、0.06 m^3 和 19.00 m^3 计算。

降水体积：以当地25年当地最大日降水量和平均持续时间进行计算。

预留体积：高度通常预留0.9 m，按贮存池设计的长和宽进行计算。

畜禽养殖场（户）通过密闭贮存设施处理液体粪污的，应采用加盖、覆膜等方式，减少恶臭气体排放和雨水进入。密闭贮存周期依据当地气候条件与农林作物生产用肥最大间隔期确定，推荐贮存周期在90 d以上，确保充分发酵腐熟，处理后蛔虫卵、粪大肠杆菌、镉、汞、砷、铅、铬、铊和缩二脲等物质应达到《肥料中有毒有害物质的限量要求》（GB 38400—2019）。鼓励有条件的畜禽养殖场建设两个以上密闭贮存设施交替使用。

七、畜禽固体废弃物贮存池体积确定

畜禽养殖场（户）产生的固体废弃物主要包含圈舍清理出的固体粪便和垫草垫料。养殖场在确定固体废弃物贮存池体积时应综合考虑畜禽粪便的安全贮存期、贮存期内粪便的产生量、固体废弃物密度等，计算公式如下：

$$V_{\text{固体贮存}} = \frac{N \times P \times D}{M_{\text{粪}}} + \frac{L \times D}{M_L}$$

式中：

N——动物存栏数量，头（只）。

P——每头动物日产粪便量，kg。

D——贮存时间，d；贮存时间依据粪便处理工艺确定。

$M_{\text{粪}}$——粪便密度，kg/m³；通常采用970～1 000 kg/m³。

L——垫草垫料日清理量，kg/d；未使用垫草垫料的养殖场，此项数值为0。

M_L——垫草垫料密度，kg/m³；通常采用300～400 kg/m³。

固体粪便的贮存时间主要与养殖场采取的粪便后处理工艺、温度等有关，宁夏中大规模养殖场和第三方处理中心固体粪便主要采取堆肥发酵工艺，散户和小型规模养殖场主要采取沤肥的处理工艺，推荐堆肥、沤肥设施发酵周期参考值见表1-2-3。

表 1-2-3　畜禽粪便不同处理工艺发酵周期参考表

处理方式	堆肥（65℃≥堆体温度≥55℃）			沤肥	
	条垛式（覆膜）	槽式	反应器	春、夏、秋	冬
发酵时间	≥15 d	≥7 d	≥5 d	≥60 d	≥90 d

注：发酵时间是指堆体温度达到温度要求后维持的时间；推荐堆肥时间可以满足无害化要求，如对含水率和腐熟度有进一步要求还应进行二次堆肥；冬季温度高于0℃的南方地区，沤肥时间可适当缩短，但不应低于60 d；春秋温度低于0℃的北方地区，沤肥时间应不低于90 d；冬季温度低于零下20℃的地区，沤肥时间不应低于180 d。

第二章　国内畜禽粪污资源化利用概述

第一节　我国畜禽粪污资源化利用现状

一、我国畜牧业发展现状

改革开放以来，我国畜牧业稳步发展，无论是畜禽饲养量，还是畜牧业产品产量及人均占有量均呈明显上升趋势。特别是随着强农惠农政策的大力实行，畜牧业呈现出快速发展的势头。据国家统计局公布数据，2022年我国畜产品产量创历史新高，肉类总产量9 328.4万 t，同比增长3.8%。其中，猪肉、牛肉、羊肉、禽肉产量分别为5 541.4万 t、718.3万 t、524.5万 t、2 442.6万 t，同比分别增长4.6%、3.0%、2.0%、2.6%。奶产量3 931.6万 t，同比增长6.8%；禽蛋产量3 456.4万 t，同比增长1.4%。肉、奶和禽蛋类年总产量分别较2016年分别增长8.1%、28.3%和9.4%，人民的生活水平和生活质量在不断提升。

当前，我国畜牧业已进入新的发展阶段，我国已从传统畜牧业向现代畜牧业转型，畜牧业生产方式也发生了巨大的转变，规模化、标准化、产业化、集约化进程日益加快。"十四五"规划时期，我国畜牧业将从"大国"向"强国"转变，加快畜牧业的标准化与规模化建设进程。与此同时，伴随畜牧业的快速发展，畜禽养殖业废弃物的综合利用和处理也成为目前环境综合整治的一大难题，成为制约畜牧业高质量发展的一个重要因素。

二、畜禽粪污处理现状

（一）畜禽粪污产生量现状及测算方法

近些年，关于我国及各地区畜禽粪便排放量及其对环境影响评价的研究较多。目前虽然很多资料对各种畜禽的粪尿产生总量和氮磷产生系数进行了估算，但是差异很大。造成差异的主要原因：畜禽种类不齐全，大多数只选取猪、牛、羊、鸡鸭，而其他畜禽未统计；畜禽粪便的产排污系数和饲养期的选取与确定存在差异；有些研究中未区分畜禽出栏量和存栏量，或存在错算、漏算的问题；而有些研究中同时计算同一种畜禽的出栏量和存栏量，又存在重复计算的问题；近些年畜禽养殖方式由原来的农户散养变成如今的规模化、集约化养殖，因此畜禽养殖污染也发生了巨大变化；畜禽日排粪量和日排尿量因品种、年龄、体重、饲料、地区、季节等不同而有差异，例如，随着饲料配方日渐合理，畜禽有排粪减少、排尿增多的趋势；取样方式和样品的含水量等影响也很大，按干重和湿重不同的估算方式会有差别。当前畜禽粪污排放量目前所普遍采用的排污系数法进行估算。

2017年第二次全国污染源普查中，涉及畜禽养殖业的县区2 981个，入户调查畜禽规模养殖场37.88万个。普查结果显示，畜禽养殖业2017年水污染排放量为化学需氧量1 000.53万t、氨氮11.09万t、总氮59.63万t、总磷11.97万t，其中，畜禽规模养殖场水污染排放量为化学需氧量604.83万t、氨氮7.50万t、总氮37.00万t、总磷8.04万t；分别占畜禽养殖业水污染排放总量的60.45%、67.63%、62.05%和67.17%。

（二）畜禽粪便处理与资源化利用技术

1.畜禽粪便处理技术

畜禽粪便处理技术主要包括除臭技术和固液分离技术。

除臭技术是针对畜禽养殖过程中产生的诸如氨气和硫化氢等臭气，主要从以下两个方面进行除臭处理：一是饲料中添加除臭剂，强化饲料中蛋白质的消化吸收进而减少臭气的排放；二是采用物理法（水洗法、空气稀释法）、化学法（燃烧法、加药剂法）和生物法（微生物菌剂、生物滤床法）等手段控制动物排泄后粪便的臭味。

表 1-2-1　除臭方法对比

除臭方法	适用范围	优点	缺点
水洗法	水溶性恶臭气体	工艺简单、运行费用低	效果差、排水产生二次污染
空气稀释法	低浓度恶臭气体	成本低且效果好	易产生空气污染
燃烧法	小气量、高浓度可燃气体	彻底分解臭气成分	成本高、燃料消耗量大、设备易腐蚀且易产生二次污染
投加药剂法	大气量、中高浓度气体	工艺成熟且有针对性	效率低、药剂损耗大、易发生二次污染
生物滤床法	适用气体范围较广	工艺成熟且成本低	占地大、高温气体不适用

吴浩玮等在研究中指出，我国每年由畜禽养殖场排放污水的化学需氧量总量已接近工业废水的COD排放总量，而排放的总固体含量是工业固体废弃物的4倍，达19亿t。鉴于畜禽养殖废水和固体废弃物混合物的复杂性，目前国内外普遍采用固液分离技术将畜禽废弃物进行干湿分离，以便于后续处置。通过固液分离可以分离出高COD固相，有利于厌氧处理设备的容积和占地面积，也可以有效节约成本。目前广泛采用的固液分离技术包括重力沉降技术、蒸发技术、絮凝分离技术、筛分技术、压滤技术及沉淀离心技术。

表 1-2-2　固液分离技术对比

固液分离技术	优点	缺点
重力沉降技术	不须外加能量、工艺简单	占地大，停留时间长，沉淀渣含水率高，有臭气
蒸发技术	不须外加能量、工艺简单	占地大，易形成环境污染
絮凝分离技术	方法简单、成本低廉	须要额外加入絮凝剂
筛分技术	设备安装方便、管理简单	固体截留率低，含水率高
压滤技术	处理能力强、滤饼含水率低	滤布磨损大，费时费钱
沉淀离心技术	分离效果好、固体含水率低	震动大，磨损大，噪声大

2. 畜禽粪便资源化利用处理技术

该技术主要包括厌氧发酵处理和堆肥化利用技术。

畜禽粪便中有机质含量为30%~70%，是具有巨大应用潜力的碳源，可通过厌氧发酵转化为甲烷、氢气等清洁能源；同时，消化产物沼液和沼渣富含多种有益微生物及氮、磷等营养元素，可用作土壤有机肥。因此畜禽粪便的厌氧发酵处理是一种可同时实现畜禽废弃物减量化、资源化和能源化的高效资源化技术。目前，养殖场中常见的畜禽粪便厌氧发酵方式包括家庭式小型厌氧发酵罐、小型沼气池及工程化升流式/卧式厌氧反应器。前两种简易厌氧发酵技术成本低、处理能力小，主要用于个体养殖户；而后面两种主要应用于规模化养殖小区。

畜禽粪便肥料化利用模式主要包括粪污全量还田、粪水肥料化利用、粪水达标排放、异位发酵床及粪污堆肥利用5种。相比较而言，堆肥手段具有对粪污无害化处理比较彻底、粪便附加值高、经济效益好等优点，是目前应用比较广泛的畜禽粪便处理模式。畜禽粪便堆肥是利用堆料中的微生物发酵降解粪中有机物质并产生高温，促进粪便腐熟并杀灭其中病原微生物及杂草种子等，最后形成有利于植物利用的化合物及腐殖质的一种生物化学过程。目前主要使用的堆肥技术包括条垛式堆肥、静态堆垛堆肥、槽式堆肥和反应器堆肥4类。

表1-2-3　4种堆肥技术优缺点对比

堆肥技术	适用范围	优点	缺点
条垛式堆肥	中小型养殖场	人工或机械进行定期翻堆，运行简单，投资少	须要添加一定的辅料，易受气候和周边环境影响，臭气不易控制，发酵周期长，占地面积大
静态堆垛堆肥	中小型养殖场	机械通风保证好氧环境，运行简单，投资少	须要添加一行的辅料，易受气候和周边环境影响，臭气不易控制，发酵周期更长，占地面积大

续表

堆肥技术	适用范围	优点	缺点
槽式堆肥	大中型养殖场	机械化程度高，可以控制温度和氧气含量，不受气候影响，臭气易收集控制，发酵周期较短	须要添加辅料，设备多，操作复杂，占地面积较大，土建投资高
反应器堆肥	自动化程度较高的中小型养殖场	密闭式反应器，无须添加辅料，保温节能，不受气候影响，臭气易控制，发酵周期短，占地面积小，土建投资少	单体处理量小，无法实现大规模的工厂化生产

（三）畜禽粪便资源化利用方式

我国是养殖大国，生猪的存栏量及出栏量均居世界第一位，同时也是种植大国。种养结合不仅可以提高土壤质量，减少化肥投入，同时还能减轻畜禽养殖对环境造成的污染。促进畜禽粪便废弃物的综合利用，已成为中国养殖业发展亟待解决的重要问题之一，有利于缓解突出的环境问题，促进循环农业的实现，有利于资源节约及环境保护。畜禽粪便经过"减量化、无害化、资源化"处理，转换为肥料、饲料或能源，不仅可消除其对环境的影响，还可产生较大的经济价值和社会效益。

1. 畜禽粪便肥料化

畜禽粪便中含有丰富的有机物和氮、磷、钾（N、P、K）及多种微量元素物质，能够为作物生长提供营养，并培肥地力，是一种优质的有机肥源。较早的资料记载表明，在中华人民共和国初期就提倡"大建田头肥库，大沤优质肥料"，其中畜禽粪尿就是最好的原料。畜禽粪便肥料化是其资源化的最主要途径。

我国畜禽养殖方式在改革开放以前多为散户饲养，所产生的粪尿作为农家肥就近施用到农田，主要是一家一户堆沤模式。随着人们生活水平的提高，对肉蛋奶供应的需求不断增长，越来越多的规模化养殖场出现在大中城市近郊，在畜禽粪便肥料化处理方式上也开始发生转变。

传统堆肥技术由于占地面积大、周期长，不能控制畜禽粪便臭气等缺点，限制了其在规模养殖下的应用与推广。而工厂化生产模式的高温好氧堆肥以其有机物分解速度快、发酵时间短、最大限度杀灭病原菌等优点成为畜禽粪便堆肥的首选方式。高温好氧堆肥是有机物在一定条件下，依靠生物的相互协同作用，通过高温发酵分解转变为肥料的技术，这期间合成的有机物腐殖质等能作为提高土壤肥力的重要活性物质。这是当前畜禽粪便资源化利用相对成熟的技术模式。据农业农村部不完全统计，截至2018年我国规模有机肥生产企业达2 282家，以中小型为主，产能在1 002 kt/a以上的企业数量仅占3%，其中，有机肥企业986家，占有机肥生产企业总数的43%；生物有机肥企业296家，占13%；有机无机复混肥企业809家，占35%；其他企业192家，占9%。从产能看，有机肥企业设计产能34 820 kt/a，年产量16 300 kt，产能发挥率仅为47%。

2. 畜禽粪便能源化

畜禽粪便还可以作为一种生物质能源，经过开发利用，可以节约和替代原生资源，减少对不可再生资源的依赖，实现资源可持续利用。畜禽粪便能源化以较大规模养殖场的沼气工程为主体，以能源生产为目标，通过对畜禽粪污等养殖废弃物进行厌氧发酵，分解畜禽粪便中大部分有机物，所生产的沼气作为能源用于燃烧发电，沼气工程中的副产品沼渣、沼液可作为肥料还田利用，最终实现沼气、沼液、沼渣综合有效利用。

随着畜禽粪便原料型沼气生产技术的不断发展，在农村能源需求增长、规模化养殖快速发展及环境治理压力加大等驱动因素下，畜禽粪便原料型沼气工程得到了国家政策的大力推动并迅速发展。在发展畜禽养殖业的同时，将粪污通过沼气发酵处理"变废为宝"，获得生活、生产能源和有机肥料，进行资源化利用。总之，利用沼气技术对污水进行综合处理，不但可以解决规模化畜禽养殖带来的污染问题、消除规模化畜禽养殖与环境保护的矛盾，还可以对污水进行资源化利用，在取得生态效益的同时获得可观的经济效益，是保护农业自然资源，优化生态环境，促进现代化养殖的好办法。在我国规模化畜禽养殖场的畜禽粪便处理模式中，当前粪便生产沼气的方式与肥料化相比仍然少得多，全国占比仅1%左右，有较大的发展空间。

3. 畜禽粪便饲料化

由于畜禽粪便含有丰富的粗蛋白、粗纤维、粗蛋白、粗脂肪以及矿物质元素，如钙、磷等，畜禽粪便再生饲料化成为畜禽粪便资源利用的途径之一。鸡粪的饲料化价值最高，一方面是鸡饲料营养成分较全，另一方面是鸡的生理结构导致饲料在消化道里停留时间短，鸡对饲料的消化吸收率低，因而鸡粪的营养物质含量也较高。鸡粪再生饲料可用于饲喂鸡、猪、牛、羊等多种畜禽。猪粪再生饲料也较多地用于反刍动物，由于反刍动物特有的消化能力能有效利用这种饲料。用猪粪喂猪通常应控制在15%左右的比例，太高会影响猪的生长。另外，加工后的畜禽粪便再生饲料还可以用于水产养殖等。有些鱼类利用动物粪便的能力很强，如热带鱼、鲢鱼、鲇鱼和罗非鱼等，通过控制动物粪便养分流量，实现繁殖速生鱼的最佳条件。

畜禽养殖粪便再生饲料大幅度地降低了养殖业肉类、奶类和其他畜产品的成本。畜禽粪便再生饲料的制作方法包括干燥法、发酵法（又可分成厌氧发酵、好氧发酵和青贮发酵等）、热喷处理法和一些物理、化学方法等，有时也可以和其他物质配合直接用来饲养反刍动物、鱼、蝇蛆等，来增加动物蛋白质饲料资源。

（三）粪污处理成效

近年来，党中央、国务院高度重视畜禽粪污资源化利用工作，相继印发了《关于加快推进畜禽养殖废弃物资源化利用的意见》《关于促进畜禽粪污还田利用依法加强养殖污染治理的指导意见》《关于进一步明确畜禽粪污还田利用要求强化养殖污染监管的通知》等相关文件，明确提出构建种养结合、农牧循环的可持续发展新格局，全面推进畜禽粪肥还田利用，切实推进畜禽养殖废弃物资源化利用。一是畜牧业绿色发展实现历史性跨越。截至2020年全国畜禽粪污综合利用率达到76%，支持585个畜牧大县实现畜禽粪污治理全覆盖，13.3万家大型规模养殖场配套畜禽粪污处理设施装备，畜禽养殖环境明显改善。清洁养殖模式广泛普及，畜禽养殖用水量和饲料中铜、锌添加量大幅降低，全国畜禽粪污年产生量下降至30.5亿t，与2015年相比降幅达19.7%。二是畜禽养殖污染排放实现大幅降低。与第一次全国污染源普查相比，我国畜禽养殖业污染物排放总量和排放强度实现双下降。根据第二次全国污染源普查结果，全国畜禽养殖化学需氧量、总氮和总磷排放量分别较第一次普查结果降低了21.1%、41.8%和25.4%；化学需氧量、总氮和总磷排放强度分别为11.56 kg/头、0.69 kg/头和0.14 kg/头，分别降低了55.5%、67.2%和57.9%。三是粪肥增施促进耕地质量有效提升。粪肥就地就近利用逐渐成为主渠道，广泛应用于果菜茶等经济作物，全国年施用面积超过4亿亩次，为耕地提供有机质5 500万 t。与2015年相比，新增粪污还田利用1.6亿猪当量，减少化肥（折纯）用量120万 t。以畜禽粪污为主要原料的商品有机肥产量达到3 300万 t，占全国商品有机肥产量的70%。

第二节 畜禽粪污资源化利用趋势

一、当前畜禽粪污资源化利用面临的困难

2017年以来，国家连续出台多项政策，积极推进畜禽粪污资源化利用工作，切实提高畜禽粪污资源化利用水平。特别是在近两年国家连续出台《国务院办公厅关于促进畜牧业高质量发展的意见》，强调大力推进畜禽养殖废弃物资源化利用，促进农牧循环发展等；农业农村部等六部委联合印发《"十四五"全国农业绿色发展规划》，强调要加快构建畜禽粪污资源化利用市场机制。"十四五"时期，在全面推进乡村振兴和农业农村现代化建设进程中，对畜禽粪污资源化利用也提出了更高要求。但就当前而言，我国畜禽粪污无害化处理仍然面临以下问题：一是市场化运行机制不健全。当前我国在畜禽粪污资源化利用方面仍存在种养主体分离，规模不匹配、联结不紧密等突出问题，粪肥还田"最后一公里"尚未打通。养殖场只考虑解决污染问题，推动粪肥科学还田的积极性没有。农产品优质优价评价和认证机制不全，种植户生产效益不高，使用粪肥提升地力的主动性不强。粪肥收运和田间施用等社会化服务组织尚不健全，对接种养主体的桥梁纽带作用发挥不足。二是粪污资源化利用水平不高。畜禽粪污处理和利用规范化、标准化水平还不高，养殖户设施装备仍然不足，粪肥还田机械严重缺乏，利用方式较为粗放，无法满足种养结合农牧循环发展的要求。

部分畜禽粪污处理设施建设不规范，处理能力与养殖规模不匹配，无害化不彻底、臭气排放等问题仍然突出；固体粪肥以人工撒施为主，占比达94.5%，液体粪肥以漫灌施用为主，占比达76.5%，易造成养分损失，增加环境污染风险。三是管理体系不完善。畜禽粪污资源化利用全链条管理体系不完善，运行过程中缺乏有效的常规监管措施，特别是气体排放、粪肥超量利用等环境风险难以控制。畜禽粪肥还田利用监测体系不完善、制度不健全，信息化监管和服务手段缺乏，难以管控粪肥质量和利用量等情况。畜禽粪肥还田利用标准体系尚不健全，粪肥还田利用缺乏科学依据。

针对以上问题，我国在《"十四五"全国畜禽粪肥利用种养结合建设规划》中明确提出，要立足农业高质量发展新要求，以统筹生产环保、协调种养发展、坚持政府支持引导和执法监管两手发力为基本原则，以畜牧业绿色循环发展、耕地质量提升和农业面源污染治理为主要目标，以畜禽粪肥就地就近科学还田利用为主攻方向，切实提升设施装备水平，壮大社会化服务组织，完善种养主体有效对接机制，实现畜禽粪污由"治"向"用"的转变，加快构建种养结合农牧循环的新型种养关系。到2025年，全国畜禽粪污资源化利用水平进一步提升，粪肥施用机械化水平稳步提高，粪肥还田利用监测体系初步建立，粪肥还田利用取得阶段性成效，以粪肥还田利用为纽带的种养结合循环发展格局初步形成，全国畜禽粪污综合利用率达到80%，粪肥替代化肥比例达到30%以上。

二、畜禽粪污资源化利用趋势

2021年全国两会期间，习近平总书记在参加内蒙古代表团审议时强调，要坚持"绿水青山就是金山银山"的理念，坚定不移走生态优先、绿色发展之路。农业农村部等6部门印发《"十四五"全国农业绿色发展规划》，这是我国首部农业绿色发展专项规划；《"十四五"全国畜禽粪肥利用种养结合建设规划》《"十四五"重点流域农业面源污染综合治理建设规划》等专项规划陆续出台，细化种养循环、面源污染治理等重点任务措施，绿色生态已经成为现代农业发展的主旋律。

《"十四五"全国畜禽粪肥利用种养结合建设规划》，将全国分为7个区域，系统分析每个区域的地理特点、养殖种类、规模化程度和耕地质量等情况，立足区域发展实际，明确区域重点任务，切实发挥区域优势，探索多样化粪肥还田利用种养结合发展路径。通过建设堆沤肥、液体粪污贮存发酵、沼气发酵、粪肥收贮用等设施装备，因地制宜推广堆沤肥还田、液体粪污贮存还田、沼肥还田等技术模式。特别是在山西、陕西、甘肃、宁夏、新疆、青海等西北区，结合区域地形多样、气候环境、养殖种植特点，重点以玉米、牧草、蔬菜和水果为重点，兼顾棉花和薯类，推进粪肥就地就近还田利用。大力推广畜禽养殖节水型清粪工艺，鼓励推行固体粪污膜堆肥等处理技术。重点推行固体粪肥机械撒施、液体粪肥托管式施用。

依托畜禽粪污资源化利用整县推进工程和农业面源污染项目的实施，支持250个项目县整县推进建设畜禽粪污处理利用设施和粪肥还田利用示范基地，打造农牧循环发展示范区；联合财政部启动实施绿色种养循环农业试点工作，以县为单位构建粪肥还田组织运行模式，对提供畜禽粪污收集处理和粪肥还田服务的社会化服务组织给予奖补支持，推动畜禽粪肥就地就近还田，实现种养结合绿色发展。

三、不同畜种畜禽粪污资源化利用主推技术模式

在《"十四五"全国畜禽粪肥利用种养结合建设规划》中提出，各区域应统筹考虑本地区种养业生产实际和沼气、生物天然气等清洁能源需求，合理选择畜禽粪污资源化利用技术模式，提升粪肥还田利用水平，降低环境风险。

1. 生猪主要推广技术模式

（1）漏缝地板 ⟶ 水泡粪 ⟶ 密闭贮存发酵或沼气发酵 ⟶ 就近农田利用。

（2）漏缝地板 ⟶ 刮粪板干清粪 ⟶ 固液分离 ⟶ 固体堆沤肥就近农田利用或加工商品有机肥/液体密闭贮存发酵后就近农田利用。

（3）漏缝地板 ⟶ 刮粪板干清粪 ⟶ 异位发酵床 ⟶ 堆沤肥就近农田利用或加工商品有机肥。

（4）集中收集 ⟶ 大型沼气工程 ⟶ 沼液沼渣就近农田利用。

2. 奶牛主要推广技术模式

（1）刮粪板清粪 ⟶ 地沟收集 ⟶ 固液分离 ⟶ 固体生产牛床垫料或加工商品有机肥／液体密闭贮存发酵后就近农田利用。

（2）干清粪 ⟶ 固体堆沤肥／液体密闭贮存发酵后就近农田利用。

（3）集中收集 ⟶ 大型沼气工程 ⟶ 沼液沼渣就近农田利用。

3. 肉牛和羊主要推广技术模式

（1）干清粪 ⟶ 固体堆沤肥就近农田利用或加工商品有机肥／液体密闭贮存发酵后就近农田利用。

（2）垫料养殖 ⟶ 堆沤肥就近农田利用或加工商品有机肥。

4. 蛋鸡和肉鸡主要推广技术模式

（1）传送带清粪 ⟶ 固体堆沤肥就近农田利用或加工商品有机肥／液体密闭贮存发酵后就近农田用。

（2）刮粪板清粪 ⟶ 固体堆沤肥就近农田利用或加工商品有机肥／液体密闭贮存发酵就近农田利用。

第二篇

宁夏畜禽粪污资源化利用技术模式

第一章　宁夏畜禽粪污资源化利用概述

第一节　宁夏畜牧业发展概况

一、宁夏概况

宁夏是祖国西部的一块宝地，地处黄河上游，面积6.64万 km^2，人口725万，辖5个地级市22个县（市、区）。宁夏是古丝绸之路必经之地，正在努力建设黄河流域生态保护和高质量发展先行区，奋力打造新时代西部大开发、大开放、大发展的投资热土。巍巍贺兰山、绵亘西北，红色六盘山、雄踞南陲，滔滔黄河水、九曲迂回，孕育了美丽富饶的宁夏平原，造就了稻香鱼肥、瓜果飘香的"塞上江南"。平均海拔1 100 m，年均气温8 ℃，空气优良天数320 d 以上，"蓝天碧水"享誉大江南北。属典型的大陆性气候，为温带半干旱区和半湿润地区，具有春多风沙、夏少酷暑、秋凉较早、冬寒较长、雨雪稀少、日照充足、蒸发强烈等特点，年平均降水量300 mm 左右。在地形上分为三大板块：北部引黄灌区是中国四大自流灌区之一，素有"塞上江南、鱼米之乡"和"西部粮仓"的美誉；中部干旱带土地广袤，日照充足，农产品绝少污染，是发展特色旱作节水农业适宜区；南部山区气候温和凉爽，环境洁净，是发展生态农业的较佳区域。

二、畜牧业发展情况

2021年，宁夏奶牛存栏70.2万头；肉牛、滩羊、生猪、家禽饲养量分别达到209.9万头、1 322.6万只、198万头、2 455.7万只；奶牛成母牛年均单产9 200 kg，比全国平均水平高800 kg。生鲜乳、牛肉、羊肉、猪肉、禽肉总产量分别达到

280.5万t、11.8万t、11.5万t、9.1万t、2.6万t。生鲜乳、牛肉、羊肉人均占有量分别达到389 kg、16.4 kg、15.9 kg，分别居全国第1位、第6位、第5位。畜牧业总产值达到281亿元，占农业总产值37.1%。

依托资源禀赋，形成以银川市和吴忠市为核心、石嘴山市和中卫市为两翼的奶产业带，奶牛存栏数和生鲜乳产量分别占全区总数的99%以上；形成以固原市5县（区）和海原、同心、红寺堡等县（区）为重点的中南部肉牛主产区，饲养量与牛肉产量分别占全区总量的63.4%和57.6%；形成以盐池县、同心县、红寺堡区全域为重点，辐射海原县中北部乡（镇）和灵武市东部山区乡（镇）的中部干旱带滩羊核心区，饲养量与羊肉产量分别占全区总量的57.2%、59.9%。

采取收购、代养、托管、入股等方式，加快现代化养殖基地、规模养殖场、家庭牧场建设，主体多元、协调互补、多种养殖模式共同发展的产业格局初步形成，推进散养户出户入场（园），组织化程度和产业集中度显著提升。规模养殖场总数21 955个，其中，存栏100头以上奶牛养殖场355个、出栏50头以上的肉牛养殖场1 689个、出栏100只以上的肉羊养殖场19 373个、出栏500头以上的生猪养殖场292个、存栏10 000只以上蛋鸡养殖场138个、出栏10 000只以上肉鸡养殖场108个。全区奶牛、肉牛、滩羊规模化比重分别达到99%、48%和53%。

积极推进饲草料种植和养殖配套衔接，重点推广种植青贮玉米、紫花苜蓿等优质牧草，形成推广"黑麦草+青贮玉米""春小麦+燕麦草"等一年两收种植模式，种养一体化比例达到40%。2021年，人工饲草地生产面积479万亩。其中，苜蓿留床面积150万亩、青贮玉米254万亩、一年生禾草75万亩。全区饲草总产量1 275万t。其中，生产加工青贮玉米820万t、一年生禾草23万t、苜蓿92万t、加工利用农作物秸秆232万t、非常规饲料及杂草等108万t。青贮饲料淀粉、中性洗涤纤维等10项质量评鉴指标高于全国平均水平，干物质、淀粉含量均达到30%以上，品质达到了国际先进水平。

全区现有乳制品加工企业22家，2021年生鲜乳加工量172万t；肉牛屠宰加工厂25家（国家级2家，自治区级7家），年屠宰加工能力达到61万头；培育羊产业化龙头企业14家（国家级2家，自治区级12家），年屠宰加工能力达到580万只。伊利、蒙牛利用宁夏优质奶源生产的"金典""特仑苏""安慕希""纯甄"等高端乳制品畅销全国，夏进乳业生产的特色枸杞奶畅销区内外，金河乳业生产的奶酪、稀奶油、蛋白粉等精深加工产品，赢得市场青睐。养殖企业注册了"宁夏六盘山牛肉""固原黄牛""西海固""泾源黄牛肉"等国家地理标志保护品牌，培育了"穆和春""臻回味"等一批企业品牌。"盐池滩羊"肉质细嫩、味道鲜美，是我国特有的种质资源，通过农产品地理标志认证，荣获中国驰名商标，G20峰会上被选为国宴指定用肉。

三、产业发展规划

畜牧业是现代农业发展的重要标志，是宁夏农业结构优化调整的重点。规划到2025年，奶牛存栏100万头，成母牛年均单产10 000 kg，生鲜乳总产量达到550万 t；肉牛饲养量达到260万头，牛肉产量达到21万 t；滩羊饲养量达到1 750万只，羊肉产量达到16万 t。牛奶、肉牛、滩羊产业全产业链产值分别达到1 000亿元、600亿元和400亿元。

四、现有产业政策

（一）粮改饲

生产加工优质全株玉米青贮饲料，每吨补助标准不超过50元；相对集中连片复种饲用燕麦或优质越冬型饲用小黑麦100亩以上，每亩补助标准不超过150元。

（二）高产优质苜蓿

相对集中连片种植300亩为一个补助单元，在满足一个补助单元的基础上，按照实际种植面积的整十数给予补助，每亩补助600元。

（三）奶产业专项

每支性控冻精补贴100元、每枚性控胚胎补贴1 000元、胚胎中心以奖代补100万元、清洗消毒中心以奖代补150万元、奶牛科技创新（服务）中心建设项目以奖代补200万元。

（四）奶产业生产能力提升整县推进

支持奶牛养殖场种、收、贮一体化饲草料生产能力提升。智慧牧场建设，采取"先建后补，以奖代补"的方式进行奖补，补贴不超过项目总投资的30%，每县补贴2 000万元。

（五）肉牛产业专项

引进优质西门塔尔牛、安格斯牛冻精，每支冻精补贴10元、每头能繁母牛2支冻精，配套液氮。经营主体新建牛肉分割加工中心，每个补贴80万元。

（六）基础母牛扩群提质项目

对项目县饲养基础母牛的养殖场（户），每繁育1头犊牛进行补助，补贴标准为每头不高于1 500元。

（七）肉牛产业提质升级项目

出户入场（园）及智慧牧场建设，每个养殖场补贴资金100万元。每个牛肉分割加工中心补贴资金80万元、屠宰加工厂改造提升补贴资金100万元、品牌营销店补贴资金20万元、产品展销中心补贴资金30万元。

（八）滩羊产业专项

每个出户入场（示范村）补助100万元、家庭牧场补助10万元、加工营销中心补助50万元、良种繁育体系补助200万元。

（九）滩羊产业提质升级项目

出户入场（园）及智慧牧场建设，每个养殖场补贴资金100万元。每个羊肉分割加工中心补贴资金50万元、屠宰加工厂改造提升补贴资金100万元、品牌营销店补贴资金20万元、产品展销中心补贴资金30万元。

第二节　宁夏畜禽粪污资源化利用概况

畜禽粪污资源化利用，是农村生态环境保护工作的重点和难点，对于改善农村生态环境质量、提高农业绿色发展水平、促进农产品增产提质具有重要意义。近年来，宁夏以实施乡村振兴战略为总抓手，认真践行绿色发展理念，不断强化行政、政策、技术等措施落实，着力推进畜禽粪污资源化利用，加快构建种养结合、农牧循环的可持续发展新格局，畜禽粪污资源化利用率达90%以上。

一、畜禽粪污资源化利用现状

（一）畜禽养殖现状

2021年，宁夏畜禽存栏总量2 201.4万头（只），其中，奶牛70.2万头、肉牛137.6万头、羊677.1万只、生猪85.5万头、家禽1 231.0万只，折合猪当量1 332.2万头。宁夏畜禽存栏总量中，银川、石嘴山、吴忠、固原和中卫5市，畜禽存栏分别为345.1万头、174.7万头、777.4万头、392.1万头、512.2万头，分别占全区畜禽养殖总量的15.7%、7.9%、35.3%、17.9%、23.3%。

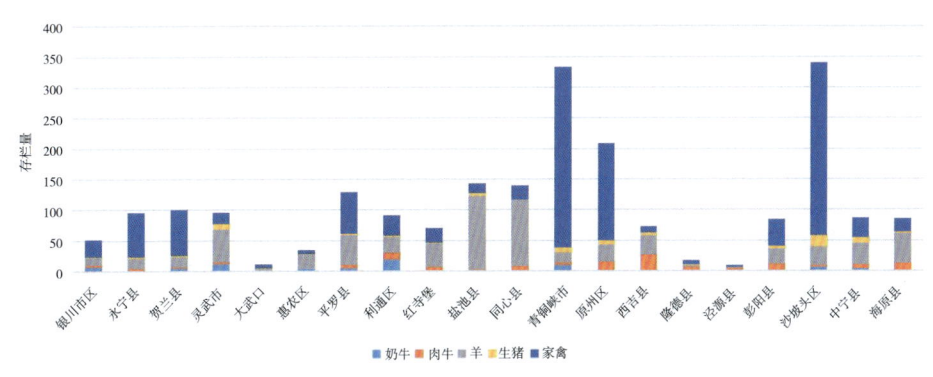

图2-1-1　2021年度宁夏畜禽养殖现状图

（二）畜禽粪污产生情况

宁夏畜禽粪污产生量为3 637.4万 t，其中，银川、石嘴山、吴忠、固原和中卫5市，畜禽粪污产生量分别为780.9万 t、288.9万 t、1 196.7万 t、833.3万 t、537.6万 t，分别占全区畜禽粪污总量的21.5%、7.9%、32.9%、22.9%、14.8%。

宁夏现有畜禽规模养殖粪污产生量为1 616.5万 t，占全区畜禽粪污总量的44.4%。其中，固体粪污488.6万 t，占30.2%；液体粪污1 128.0万 t，占69.8%。按畜禽种类，规模奶牛场粪污量为1 280.8万 t，占79.2%；规模肉牛场粪污量为

194.9万t，占12.1%；规模羊场粪污量为12.4万t，占0.8%；规模猪场粪污量为80.1万t，占5.0%；规模禽场粪污量为48.2万t，占3.0%。（详见表2-1-1）

表2-1-1　2021年宁夏规模养殖场粪污产生情况统计

畜种	规模场个数/个	粪污产生量/万t	液体粪污量/万t	固体粪污量/万t	占比/%
合计	1466	1616.5	1127.8	488.5	100
奶牛	270	1280.8	921.1	359.7	79.2
肉牛	410	194.9	122.9	72.0	12.1
肉羊	348	12.4	0	12.4	0.8
生猪	312	80.1	69.6	10.5	5.0
蛋鸡	105	39.8	12.0	27.8	2.4
肉鸡	21	8.4	2.2	6.1	0.5

（三）土地承载情况

1.土地承载力分析

据2020年统计数据，全区各类土地种植面积3203.8万亩。其中，粮食种植面积1018.8万亩（包括玉米、小麦、水稻、马铃薯、豆类及谷类），蔬菜167.4万亩、西甜瓜78.5万亩、油料58.5万亩、果树137.4万亩、葡萄49.2万亩、枸杞43.0万亩、苜蓿67.3万亩、一年生饲草110.2万亩、育苗地43.1万亩、人工林地1430.6万亩。依据《土地承载力测算技术指南》测算，全区畜禽粪污土地承载力3055.4万头猪当量，是2020年畜禽养殖存栏的2.63倍。

从各市种植情况看，银川市现有种植面积382.3万亩，畜禽粪污土地承载力392.4万头猪当量；石嘴山市现有种植面积198.5万亩，畜禽粪污土地承载力217.2万头猪当量；吴忠市现有种植面积880.8万亩，畜禽粪污土地承载力857.0万头猪当量；固原市现有种植面积1095.3万亩，畜禽粪污土地承载力952.3万头猪当量；中卫市现有种植面积646.9万亩，畜禽粪污土地承载力636.6万头猪当量。目前，

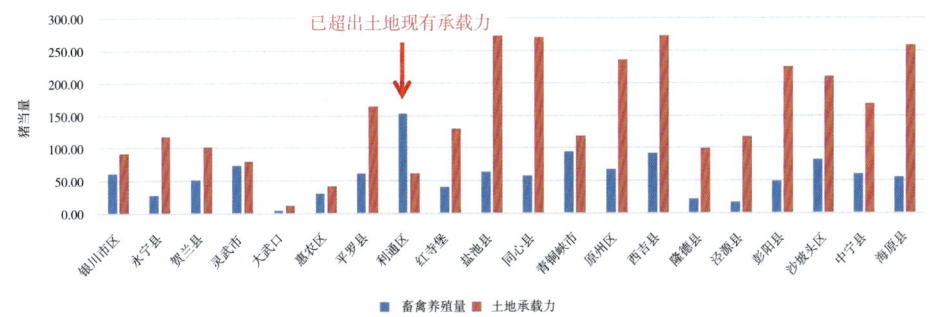

图2-1-2　宁夏土地承载情况

各市畜禽粪污土地承载能力均大于存栏量。利通区养殖存栏量是粪污土地承载能力的2.5倍，已远超出当地土地承载能力。

2. 2025年土地承载力分析

根据宁夏畜牧业"十四五"发展规划，到2025年，奶牛、肉牛、羊、生猪和家禽存栏分别达到100万头、135万头、866万只、95.9万头和1567.7万只，折合猪当量1700.5万头，较2021年增加368.3万头猪当量，粪污总量达到4392.2万t，较2021年增加754.8万t。按现有全区各类土地种植面积计算，达到土地承载能力的55.7%，还有1354.9万头猪当量的承载能力。

（三）资源化利用情况

1. 宁夏畜禽粪污处理利用情况

近年来，宁夏认真践行绿色发展理念，紧紧围绕"种养结合、生态循环"的目标，加大工作力度，强化规划布局，因地制宜推广畜禽粪污处理利用模式，取得了良好成效。2021年，全区粪污资源化利用总量为3590.6万t，综合利用率达到99.8%，规模养殖场设施配套率达98.97%。

宁夏畜禽粪污综合利用主要途径有三种，一是肥料化利用。主要包括堆粪还田、商品有机肥还田、沼渣沼液还田、污水厌氧和氧化塘消化还田。其中，堆肥还田利用2366.2万t，占65.9%；生产商品有机肥373.4万t，占10.4%；液体肥料化利用660.7万t，占18.4%。二是能源化利用。粪污通过沼气发酵，生产的沼气用于发电、取暖等125.7万t，占3.5%。三是清洁再生回用。牛床垫料、栽培基质、无害化处理后回用等53.9万t，占1.5%。

2. 规模养殖场畜禽粪污处理利用情况

宁夏规模养殖场粪污综合利用率99.8%。其中，液体粪污肥料化利用占96.5%，主要包括厌氧和好氧发酵后无害化还田利用、沼液还田、液态有机肥还田等；污水清洁回用等占3.5%。宁夏规模养殖场粪污综合利用中，固体粪污堆肥占81.4%，生产商品有机肥占13.0%，生产垫料等占5.6%。

（四）相关政策配套情况

自2017年开展畜禽养殖废弃物资源化利用工作以来，宁夏共争取中央财政资金3.62亿元，累计完成59家有机肥厂、163家第三方粪污处理机构、1533家规模养殖场（其中大型规模养殖场960家），配套堆肥发酵、污水贮存池、厌氧发酵池、氧化塘、污水深度处理等设施和装备，改（扩）建雨污分流、暗沟污水收集系统、漏缝地板和防渗、防雨、防溢流粪污贮存设施等，购置清粪机、固液分离机等设备及建设粪污集中处理利用设施装备。全区畜禽粪污综合利用率、规模养殖场粪污处理设施装备配套率均达到95%以上，大型规模养殖场粪污处理设施装备配套率提前达到100%。

二、宁夏畜禽粪污资源化利用主推技术与典型案例

（一）主推技术

近年，宁夏始终按照种养结合、循环利用的总体思路，围绕源头减量、过程控制、末端利用关键环节的难点问题，因场施策，指导养殖场配套完善粪污资源化利用设施设备，集成示范推广了应用有机肥加工、固体粪污快速发酵、污水深度处理等关键技术。结合区域优势、养殖特点重点推广了厌氧发酵处理（沼气工程）、污水清洁回用、粪便垫料利用、粪污全量还田种养结合、种养结合好氧堆肥生产有机肥、粪便集中好氧堆肥专业加工有机肥、粪水肥料化利用、动物蛋白转化、达标排放9种粪污处理典型模式。

（二）典型模式

1."牛粪银行"模式

该模式主要集中在宁夏固原市等肉牛养殖区。固原市地理特征山多川少，塬、梁、峁、壕交错，肉牛养殖呈现"房前屋后，千家万户"的养殖模式，牛粪无处堆放、乱堆乱放、无法还田等问题十分严重，畜禽粪便污染问题严重影响养殖业和人居环境，限制了规模养殖发展。基于以上问题，为促进固原市肉牛产业高质量发展，当地政府积极引进有机肥加工企业，采取"村企合作"的模式，在养殖密集区建设粪便集中堆贮场，养殖户将粪便暂时贮存在堆贮场，然后集中拉运至有机肥厂堆肥发酵生产有机肥。次年春耕时，养殖户根据需求从有机肥厂兑换有机肥还田利用，多余的销往当地农户或者周边果蔬基地。在"牛粪银行"，建档立卡户可以用1 t鲜牛粪兑换0.7 t有机肥，非建档立卡户可以兑换0.5 t；如果不需要用肥，1 t牛粪也可以兑换40元现金。

"牛粪银行"粪污资源化利用模式既有效缓解了肉牛等家畜粪便造成的面源污染问题，又蹚出了一条发展现代生态循环农业、改善农村人居环境的新路子。

2."出户入园"模式

该模式主要适用于集中搬迁村、养殖相对密集的区域。海原县富陵村为移民搬迁村，多年的扶贫政策，肉牛养殖成为每家每户的重要产业。随着美丽乡村的建设要求，家家养殖的模式已不能适应形势要求，当地政府在既能发展壮大肉牛养殖产业，又能兼顾美丽乡村建设的前提下，化零为整，统一规划，建成富陵村集体经济合作社。为切实提高园区使用效率和管理水平，充分发挥肉牛研究院技术优势和当地肉牛龙头企业资金优势，采取"政府（三河镇政府）+科技（肉牛研究院）+龙头企业（宁夏润海农牧科技有限公司）+党支部（富陵村集体经济合作社）"的合作推广模式，组建了高效精干的技术服务队伍和"质优价廉"饲草料供给服务队伍，实现园区"六统一"运营模式，切实保障园区安全可持续运行。按照"村党支部引领+合作社管理+养殖户养殖"的管理模式，村党支部负责加强对肉牛产业政策培训宣传、鼓励散养肉牛入园，实行集中规模化养殖，加大科技投入，实现机械化饲喂，节省劳力降低成本提高效益；村集体合作社对园区实行"四统一"管理模式，即统一提供饲草料、统一防疫消毒、统一标准饲喂、统一由农户购买保险。园区固定管理人员5人，负责园区日常运行，在运营过程中产生的水电费、环卫消毒费、维修费用、粪污处理费用由养殖户按照养殖头数均摊。园区按照合伙共养、围栏自养、入股分红三种方式入园养殖，年底集中清算后分红。肉牛养殖的粪污经统一收集后交由第三方统一收集处理。

3. "清洁回用"处理模式

宁夏奶牛养殖主要集中在吴忠市孙家滩、五里坡、灵武白土岗、银川兴庆区月牙湖等养殖园区，养殖规模大，种养结合土地配套难度系数较高。牛粪便经无害化处理后纤维素含量高、质地松软，是牛床垫料很好的来源。

养殖场将牛粪污收集到混合池，经搅拌后进行固液分离。干湿分离后，固体部分堆制成条垛，在露天或者棚架下发酵处理。在发酵期间，不设强制通风设备的条垛，原则上每隔2 d翻堆1次，到第12 d，将料堆摊开晾晒2 d，水分降到约50%即可作为牛床垫料使用。若采取强制通风发酵的条垛，只要分别在第1 d和第5 d翻堆2次，到第10 d将料堆摊开晾晒风干2 d，水分降到50%即可。液体部分经过厌氧发酵＋好氧处理等组合工艺进行深度处理后，回用冲洗奶厅或者灌溉绿化带。

三、存在问题

（一）资金扶持与产业发展需求不相适应

2021年，宁夏奶牛、肉牛、肉羊、生猪饲养量比"十二五"末分别增长21.5%、43.2%、13.8%和7.7%，新建规模养殖场超过300家，养殖聚集度不断提升。虽然中央和自治区各级财政不断加大对畜禽养殖废弃物资源化利用扶持资金投入，但仍不能满足规模养殖场快速发展的需求。

（二）认识不到位

环保部门和农业部门对粪肥还田利用和污染物排放区别有不同理解，对畜禽粪肥、肥水、沼渣、沼液等还田利用认识有偏差，缺乏统一标准的认定。

(三)资源化利用成本较高

以2 000头奶牛场为例,一套完整的污水处理设备260万元,设备维护费用根据设施装备处理能力、运行损耗、操作管理、使用年限等因素变化,逐年递增。据调查,如果采用灌溉农田的方式消纳处理后的污水,每方处理成本10~20元不等,养殖场受处理成本、设备维护、管理能力等因素影响,导致粪污处理设施运行不正常、利用率不高。采用第三方处理的方式,根据畜种、粪便含水量、运输距离等因素不同,每吨粪便的收贮运成本在几十到上百元不等。

(四)商品有机肥使用比例不高

利用畜禽养殖废弃物生产商品有机肥成本较高,而多数种植户过度追求作物产量,对土壤地力衰退、面源污染等问题不重视,有机肥替代化肥积极性不高。施用有机肥的优质农产品缺乏与之配套的定价标准,难以实现优价,粮食等大田作物施用商品有机肥比例较低,导致固体有机肥、沼渣等终端产品推广应用渠道不畅,致使有机肥企业参与度不高,处理能力达不到设计处理能力。

(五)种养结合比重不高

受土地、环境等因素制约,许多养殖场逐步搬迁到远离城区、村庄和农区的区域,周边养殖缺乏配套的饲草料基地,就近就地资源化利用畜禽粪污的土地有限,长距离运输增加了还田利用的成本。加之大部分农业、园区为单一种植业,与养殖的有机衔接、协调发展还存在一定困难。

(六)养殖密集区粪污处理难度较大

随着乡村振兴战略的实施,建设生态宜居乡村对畜禽粪污处理提出了更高要求。目前,宁夏肉牛、生猪等养殖仍以千家万户为主,"人畜混居"现象仍然存在,养殖集中区畜禽粪污集中处理设施不配套,处理能力有限,对农村人居环境改善造成一定影响。

四、有关建议

(一)完善政策支持

持续加大畜禽粪污资源化利用工作的政策扶持力度,并结合区域特点,在肥料化、能源化利用和种养结合方面上予以政策重点倾斜。将粪污运输、收集、处理、利用相关设备纳入宁夏农机购置补贴范围，粪污运输环节给予适当补贴。持续实施好国家"畜禽粪污资源化利用整县推进"、自治区"农业面源污染治理"等项目，扩大实施范围。支持规模养殖场、第三方处理机构、有机肥厂等，建立完善粪污分流、收集、贮存、厌氧消化和堆沤等设施，提高粪污无害化处理和资源化利用水平。

（二）建设粪污集中处理中心

支持粪污处理企业对一定区域内的养殖粪污进行回收、运输和集中堆沤发酵处理，在吴忠市孙家滩、灵武市白土岗、平罗县河东等养殖基地，集中建设大型粪污处理中心；在养殖大县和养殖密集区，分区建设粪污集中处理中心，实现畜禽粪污收集、贮存、运输、处理等全程无害化、肥料化循环利用。

（三）推广畜禽粪污处理技术模式

结合区域优势和养殖结构特点，分区域、分畜种引进推广源头减量控制、粪水全量还田利用、粪污微生物发酵与臭气处理、粪便高温堆肥与厌氧发酵和节水、节料清洁养殖等技术、工艺。尽快制定完善畜禽养殖粪污无害化处理技术规范、畜禽粪污还田利用限量标准、液体粪肥还田利用标准、粪污沤肥技术规程等地方标准，降低粪污排放量，提高畜禽养殖精准化管理水平。

（四）强化有机肥使用宣传及推广

鼓励支持企业和农户应用有机肥＋配方肥、有机肥＋一次性施肥等技术，推进化肥减量和耕地质量提升。加强宣传引导，在全社会广泛宣传有机肥在提高作物产量、改善品质、培肥土壤、优化环境等方面的重要作用，增强种植主体使用粪肥的意识和积极性。

（五）强化社会化服务体系建设

按照"市场主导、循环利用、行政推动、有偿服务"原则，建立政府引导、企业主体、多元参与、市场运作的社会化服务运行机制。支持大型企业建设有机肥厂等形成畜禽粪污收集、贮存、运输、处理和综合利用全产业链体系。支持畜禽粪污处理中心和有机肥加工企业与养殖集中区、养殖大户开展粪污集中收贮合作，提升社会化服务能力和水平。

第二章　主要畜禽粪污资源化利用技术模式

第一节　种养结合类

一、概述

（一）概念

种养结合从广义上讲，是种植业和养殖业相互结合的一种生态模式。该模式是指将畜禽养殖产生的粪便、有机物作为生产加工有机肥的原料，为种植业提供有机肥来源，同时种植业产生的作物又能够给畜禽养殖提供食源的一种有机结合模式。从狭义讲，是指养殖场（户）采用干清粪或水泡粪等清粪方式，将液体废弃物进行厌氧发酵或多级氧化塘处理后，就近应用于蔬菜、果树、茶园、林木、大田作物等生产，固体经过堆肥后就近或易地用于农田。

种养结合是土地、种植业、养殖业三位一体的农业生产系统，是畜禽养殖粪便处理与综合利用的最有效途径。一是可有效实现资源转化利用。种植业可将不能被人类利用的农产品加工废弃物转化为具有不同使用价值且价值量更高的畜产品；同时农产品加工废弃物通过养殖业转化，提升其使用价值；养殖业产生的养殖粪污以厩肥的形式为种植业所使用的，转化为具有价值的农产品。二是可有效减少环境污染。畜禽养殖产生的粪污经无害化处理后变成具有一定肥效的肥料，既实现了节水节肥，又有效地减少了环境的污染，变"废"为宝，提高利用价值。三是有效改良土壤。养殖业提供以粪便为原料的有机肥占有机肥总量的62%~73%，可有效改良土壤、提高地力，增强土壤调节水、肥、气、热的功能，同时对提高农田生态系统转化率有着无机化肥无法替代的作用。四是种养结合使种植业中人类不能直接利用的废弃物和家畜粪尿得以充分利用，避免了农业和社会环境遭受污染，改善了人类生存的空间，这种优化生态环境的作用，无法以价值估量。五是种养有机结合。实行农、林、水、草合理的农田布局，增加有机肥的投入量；实行有机与无机相结合，形成种养一体化的生态农业综合体系，大大提高农业生态系统的综合生产力水平，最终达到"经济、生态、社会"效益三者的高度统一，有利于农牧业持续、稳定地发展。

（二）工艺要求

现代化养殖场的种类多种多样，甚至可以说每个养殖场都有各自的特点和运作方式，因此对不同地域、不同气候、不同地形的种养结合也各不相同。首先，养殖场在建场初期要考虑养殖规模和场区周边有无与养殖规模相适应的土地消纳畜禽粪便。其次，要与种植业布局相衔接，考虑周边有无与养殖规模相适应的农作物或果树等种植地。最后发展方式必须生态化，在实施种养结合生态循环模式发展中，把"相对集中、适度分散、科学规划、合理布局"的选址原则，"适度规模、容量化消纳"规模建场原则，"干湿分离、雨污分流"减量化排放原则，"沼气配套、生物发酵床"无害化处理原则，"种养结合、生态还田"资源化利用原则，作为发展种养结合生态循环模式的行为准则，使上一环节的废弃物作为下一环节的资源，实现种养优势互补和良性生态循环，促进养殖业发展和环境保护相和谐。

（三）工艺流程

种养结合模式是在规模养殖场周边具有与养殖规模相适应的农作物或经济林等种植地的前提下，采用合理的清粪方式收集粪便。经固液分离后，液体经厌氧发酵或多级沉淀处理后施用于蔬菜、果树、林木、大地作物等种植地。固体粪便经堆（沤）肥发酵、生产有机肥等方式处理后施用于种植地（图2-2-1）。

宁夏种养结合模式主要包含全量还田、堆粪发酵、肥水利用和能源化利用4种模式。

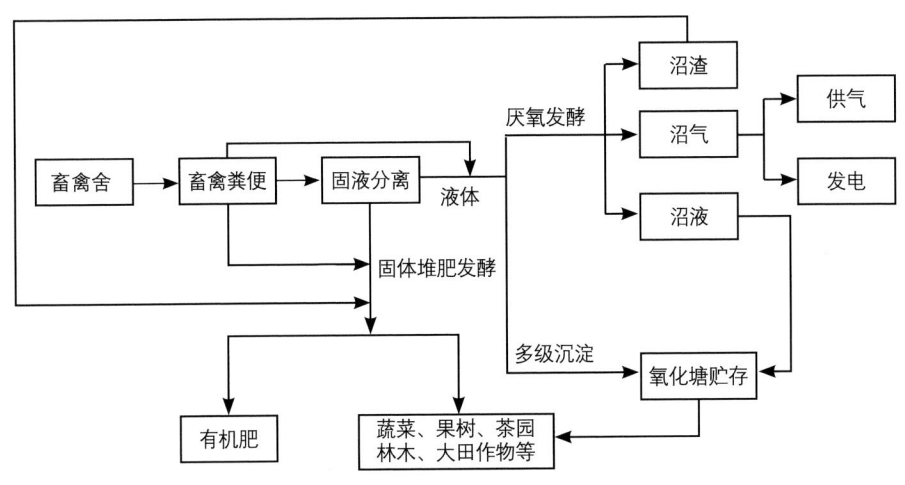

图2-2-1 种养结合模式工艺流程

1. 全量还田

（1）概念 全量还田指对养殖场产生的粪便、粪水和污水集中收集，全部进入氧化塘贮存和无害化处理，在作物收割后或播种前利用专业化施肥机械施用到农田，减少化肥施用量。

（2）工艺流程图

见图2-2-2

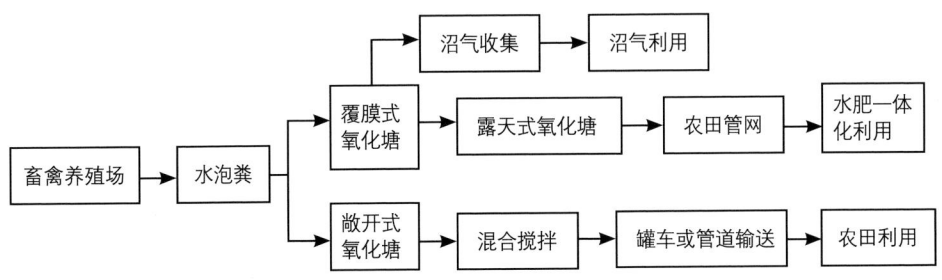

图2-2-2 全量还田工艺流程

（3）技术要点

① 物料预处理。采用水冲粪或水泡粪的养殖方式，粪污通过刮粪板或人工

清理收集进入氧化塘。

② 设施要求。氧化塘分为覆膜式和敞开式氧化塘两类，建设标准需符合《畜禽养殖污水贮存设施设计要求》(GB/T 26624—2011)。覆膜式氧化塘一般设计为矩形，氧化塘坡度小于40°，坡面应平缓，坡度均匀、一致，长宽比为2∶1～2.5∶1，底部防渗膜厚度1.0 mm，顶部覆膜厚度1.5 mm。氧化塘容积大小（m^3）＝畜禽日粪污产生量（m^3）×贮存周期（d）×设计存栏量（头）。敞开式氧化塘底面采用钢筋混凝土结构，底面厚度不少于200 mm，墙体厚度不少于240 mm，并做防渗处理，顶部设置防雨棚。

③ 粪污处理发酵。覆膜式氧化塘停留时间30～50 d，COD 去除率80%～85%，在此期间产生的沼气收集利用，沼渣和沼液提升至露天式氧化塘再次腐熟后通过农田管网进行水肥一体化利用；粪污通过敞开式氧化塘进行预处理，其中加入复合微生物菌剂发酵6～7 d，用加压泵输送至贮存池贮存3～4个月，过程中添加发泡剂或菌剂，起到促进粪污发泡、沉淀物再次悬浮和消除臭味等作用。

④ 利用。使用时需检测粪肥营养浓度，处理后的粪肥需达到《畜禽粪便无害化处理技术规范》(GB/T36195—2018)要求，在农田灌溉或施肥时按照作物肥力需求，通过农田管网或罐车输送还田。

（4）适用范围　该技术模式适用于区内猪场水泡粪工艺、奶牛场的自动刮粪工艺，粪污的总固体含量小于15%，需配套与养殖规模适宜的土地。

（5）优点和不足

优点：粪污收集、处理、贮存设施建设成本低，处理利用费用也较低；粪便和污水全量收集，养分利用率高。

不足：粪污贮存周期长，需要足够的土地建设氧化塘贮存设施；处理效率受季节影响变化较大，冬季效率低；施肥期较集中，需配套专业化的搅拌设备、施肥机械、农田施用管网等；粪污长距离运输费用高，只能在一定范围内施用。

2. 粪便堆肥利用

（1）概述　堆肥是在人工控制水分、碳氮比和通风条件下，通过微生物作用，对固体粪便中的有机物进行降解，使之矿质化、腐殖化和无害化的过程。

（2）工艺流程

见图2-2-3。

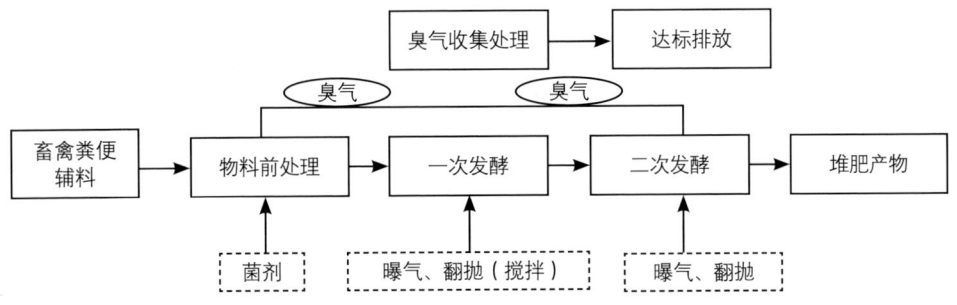

图2-2-3 粪便堆肥利用工艺流程

（3）技术要点

① 物料预处理。将畜禽粪便和辅料混合均匀，混合后的物料含水率宜为45%~65%、碳氮比20∶1~40∶1、粒径≤5 cm、pH 5.5~9.0。堆肥过程中可添加腐熟剂，接种量宜为堆肥物料质量的0.1%~0.2%。

② 设施要求。建设标准需符合《畜禽养殖污水贮存设施设计要求》（GB/T 26624—2011）。

③ 一次发酵。通过堆体曝气或翻堆，使堆体温度达到55℃以上，条垛式堆肥一般长度不限，底宽1.5~2.5 m，高度1.0~1.5 m，一般2~3 d翻堆一次，当温度超过70℃时要增加翻堆，强制通风堆肥3~5周；槽式堆肥发酵槽的尺寸根据物料量的多少及选用的翻堆设备类型决定，一般每隔1~2 d翻堆1次。发酵物料入槽后3 d可达到45℃，在槽内要求温度55℃以上持续7 d左右，发酵周期通常为12~15 d，挥发性有机物降解50%以上；反应器堆肥维持时间不少于5 d，堆体温度高于65℃时，应通过搅拌、曝气降低温度。堆体内部氧气浓度不少于5%，曝气风量宜为0.05 m³/min~0.20 m³/min（以每立方米物料为基准），反应器堆肥宜采用间歇搅拌方式，实际运行中可根据堆体温度和出料情况调整搅拌频率。

④ 臭气处理。NH_3、氮氧化物和含氮有机物是堆肥过程中臭气的主要成分，一般采用在堆肥中直接添加除臭菌剂（原位除臭技术）或通过负压系统收集，

采用生物除臭技术处理（异位除臭技术），经处理后的恶臭气体浓度符合《畜禽养殖业污染物排放标准》（GB 18596—2001）的规定。

⑤ 二次发酵（陈化）。堆肥产物作为商品有机肥或者栽培基质时应进行二次发酵，堆体温度接近环境温度时完成发酵。

⑥ 堆肥产物质量要求。颜色为棕褐色，无刺激性气味，含水量≤30%，种子发芽率≥70%，同时应符合《畜禽粪便无害化处理技术规范》（GB/T 36195—2018）要求。

（4）适用范围　该技术模式适用于区内规模养殖场、养殖密集区和养殖示范乡（村）畜禽粪便的收集和处理，已在西吉县、隆德县、海原县等肉牛养殖县（区）形成了一套可借鉴的成功经验，实现了畜禽粪便的无害化处理和资源化利用。

（5）优点和不足

优点：堆肥过程中的高温不仅可以杀灭粪便中的各种病原微生物和杂草种子，使粪便达到无害化，还能生成可被植物吸收利用的有效成分，具有改良和调节土壤的作用。同时，堆肥处理具有运行费用低、处理量大、无二次污染等优点而被广泛使用。

不足：好氧翻堆过程会产生大量的氨气，造成环境污染，做好臭气收集及处理至关重要。

3. 肥水利用

（1）概述　养殖场产生的污水经氧化塘处理发酵后，在农田施肥期间，将无害化处理的污水与灌溉用水按照一定的比例混合，通过水肥一体化施用。

（2）工艺流程

见图2-2-4。

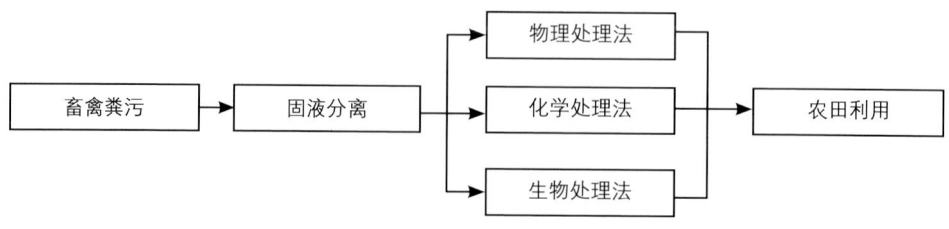

图2-2-4　肥水利用工艺流程

（3）技术要点

① 物料预处理。一般采用过滤、离心、沉淀等固液分离技术进行预处理，阻拦污水中粗大的漂浮和悬浮固体，以免阻塞孔洞、闸门和管道，并保护水泵等机械设备，从而减少后续工艺的处理负荷。

② 处理方式。污水常用的处理方式有物理处理法、生物处理法和化学处理法，按照污水处理效果，重点推广物理处理法和生物处理法。

物理处理法。利用格栅、化粪池或滤网等设施进行简单的处理方法，经物理处理的污水，可除去40%~65%的悬浮物，并使BOD_5下降25%~35%。具体流程为：污水流入化粪池，经12 h后，使BOD_5降低30%左右；常温厌氧发酵处理水力停留时间不应小于30 d，中温厌氧发酵不应少于7 d，高温厌氧发酵温度维持51~55 ℃时间应不少于2 d。

生物处理法。利用污水中微生物的代谢作用分解其中的有机物，对污水进行处理。常用的有活性污泥法和生物过滤法，其中活性污泥法（又称生物曝气法）是在污水中加入活性污泥并通入氧气进行曝气，使其中的有机物被活性污泥吸附、氧化和分解，从而达到净化目的。一般流程为污水进入曝气池与回流污泥汇集，靠设在池中的叶轮旋转、翻动，使空气中的氧气进入进行曝气，有机物即被活性污泥吸附和氧化分解。从曝气池流出的污水与活性污泥的混合液进入沉淀池，再次进行泥水分离，排出被净化的水，而沉淀下来的活性污泥一部分回流入曝气池，剩余部分再进行脱水、浓缩等无害化处理或厌氧处理后再利用。生物过滤法（又称生物膜法）的原理是污水通过一层表面充满生物膜的滤料，依靠生物膜上大量微生物的作用，并通过充足氧气氧化污水中的有机物，达到净化的目的。

③ 利用。处理后的污水农田利用时，应符合《畜禽粪便无害化处理技术规范》（GB/T 36195—2018）。

④ 适用范围。该技术模式适用于区内周围配套有一定面积农田的畜禽养殖场，在农田作物灌溉施肥期间进行水肥一体化施用。

⑤ 优点和不足。优点：粪水进行氧化塘无害化处理后，为农田提供有机肥水资源，解决粪水处理压力。

不足：要有一定容积的贮存设施，周边配套一定农田面积，需配套建设粪水输送管网或购置粪水运输车辆。

4. 能源化利用

（1）概述 能源化利用是以专业生产可再生能源为主要目的，依托专门的畜禽粪污处理企业，收集周边养殖场粪便和粪水进行厌氧发酵，沼气发电上网或提纯生物天然气，沼渣生产有机肥或直接农田利用，沼液农田利用。

（2）工艺流程

见图2-2-5。

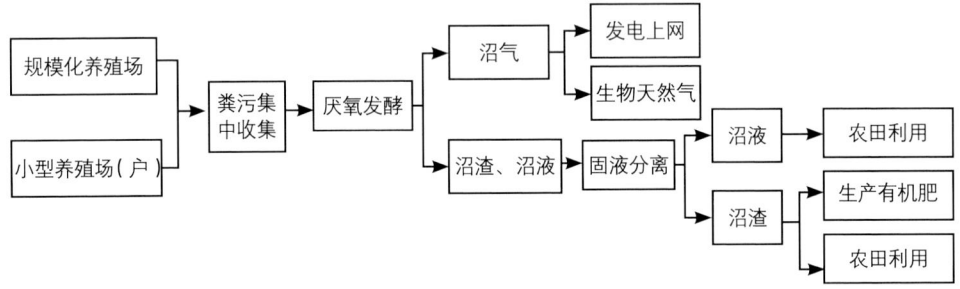

图2-2-5 能源化利用工艺流程

（3）技术要点

① 物料预处理。将收集的粪便通过专用运输设备直接运至粪污贮存池，利用机械动力将粪便用废水稀释到固体含量8%左右，然后通过格栅进入计量加热池，对粪污原料进行充分预热酸化，为厌氧发酵提供高效原料。

② 厌氧发酵。经水解酸化的混合液采用间断进料方式由提升泵打入厌氧发酵罐进行厌氧发酵。厌氧发酵过程中适宜温度宜为35～38℃。

③ 利用。生产的沼气经过脱水脱硫等净化措施后，通过发电或生物天然气利用，沼液沼渣通过肥料化利用或有机肥生产。

（4）适用范围 该技术模式适用于区内大型规模养殖场或养殖密集区，具备沼气发电上网或生物天然气进入管网条件。

（5）优点和不足

优点：对养殖场的粪便和污水集中统一处理，减少小规模养殖场粪污处理设施的投资，专业化运行，能源化利用效率高。

不足：一次性投资高，能源产品利用难度大，沼液产生量大，处理成本较高，需配套后续利用工艺。

第二节　清洁回用类

一、概述

（一）概念

畜禽养殖粪便的特性及影响因素决定了粪便处理与综合利用的方式。清洁回用模式是以综合利用和提高资源化利用率为出发点，通过在养殖场（小区）高度集成节水的粪便收集方式（采用机械干清粪、高压冲洗等严格控制生产用水，减少用水量），遮雨防渗的粪便输送贮存方式（场内实行雨污分流、粪水密闭防渗输送）、粪便固液分离、液态粪水深度处理后回用（用于场内粪沟或圈栏冲洗等）和固体干粪资源化利用（堆肥、卧床或发酵床垫料、栽培基质、蘑菇种植、蚯蚓和蝇蛆养殖、碳棒燃料等）等处理利用方式，且符合资源化、减量化、无害化原则的粪便资源化利用模式。

（二）工艺要求

清洁回用模式的特征就是干粪和粪水经过处理后被回用。整个工艺流程环节多，工艺复杂，操作要求高，每个环节都要能够稳定运行，才能实现回用目标。在选用具体工艺时，应根据养殖场的养殖种类、养殖规模、粪便收集方式、当地的自然地理环境条件以及排水去向等因素确定工艺路线及处理目标，并应充分考虑畜禽养殖废水的特殊性，在实现综合利用的前提下，优先选择低运行成本的处理工艺，并慎重选用物化处理工艺。

（三）工艺流程

清洁回用模式是在严格控制养殖过程用水量前提下，采用节水清粪等方式收集粪便。场内的粪水实行管网输送、雨污分流，经固液分离后，进行厌氧和好氧等过程的深度处理，消毒后回用于场内粪沟、圈栏或奶厅等冲洗。固体干粪通过堆肥、生产栽培基质、牛床垫料、碳棒燃料、种植蘑菇和养殖蚯蚓蝇蛆等方式处理利用。

宁夏畜禽养殖场清洁回用模式主要利用方式包括粪便垫料回用、粪便基质化利用、粪便饲料化利用和粪便燃料化4种。

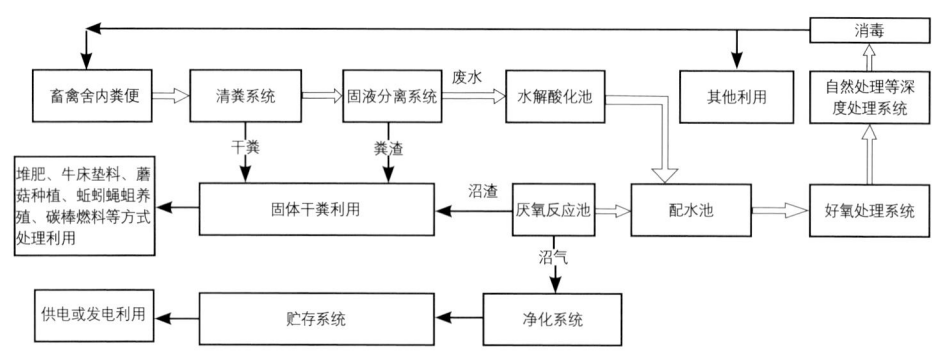

图2-2-6　畜禽粪便清洁回用工艺流程

1. 粪便垫料回用

（1）概述　牛粪便纤维素含量高、质地松软，将牛粪污固液分离后，固体粪便通过好氧发酵和无害化处理后作为牛床垫料使用，既解决了牛床垫料的来源问题，也开拓了牛粪的利用渠道。

（2）工艺流程

见图2-2-7。

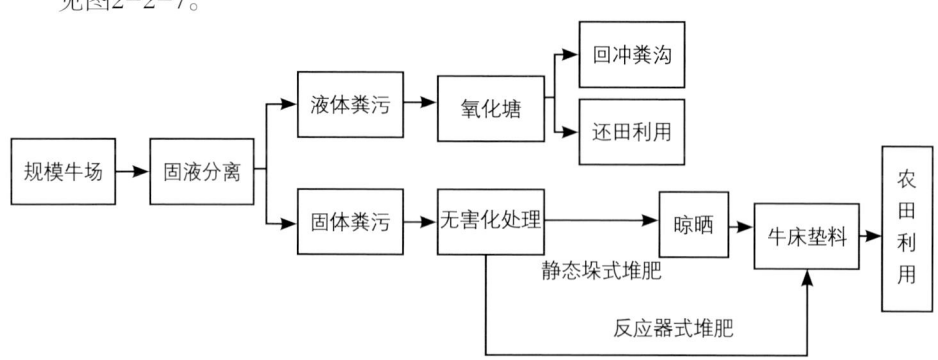

图2-2-7　畜禽粪便垫料回用工艺流程图

(3)技术要点

① 物料预处理。牛场的粪污收集到混合池,经搅拌后进行固液分离。

② 固体粪便堆积发酵。干湿分离后,将含水量低于70%的固体物料堆制成堆宽4~6m、高1.6m左右的堆垛(长度根据粪量和场地决定),在露天或者棚架下发酵处理。在发酵期间,不设强制通风设备的条垛,原则上每隔2d翻堆1次,到第12d,将料堆摊开晾晒2d,水分降到约50%即可作为牛床垫料使用。若采取强制通风发酵的条垛,只要分别在第1d和第5d翻堆2次,到第10d将料堆摊开晾晒风干2d,水分降到50%即可。

③ 利用。处理后的牛粪适当掺入一定比例(不少于25%)的锯木屑或其他物料,并掺入3%~5%的石灰进行杀菌消毒。牛粪卧床垫料一般铺设15~20cm厚,用量一般为9kg/d,每周添加1次。

(4)适用范围 适用于规模牛场。

(5)优点和不足

优点:牛粪松软不结块,不容易导致牛膝盖、腿部受伤,减少粪污后续处理难度。

不足:作为垫料如无害化处理不彻底,可能存在一定的生物安全风险。

2. 粪便基质化利用

(1)概述 以畜禽粪污、菌渣及农作物秸秆等为原料,进行堆肥发酵,生产基质盘和基质土,用于栽培果菜。

(2)工艺流程

见图2-2-8。

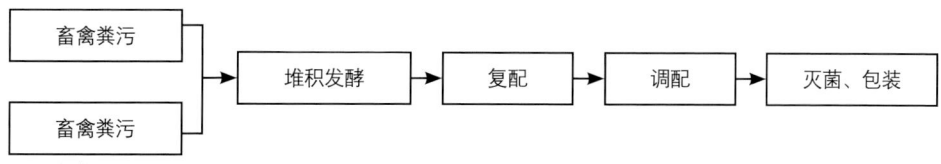

图2-2-8 畜禽粪便基质化利用工艺流程

(3)技术要点

① 物料预处理。秸秆因其稳定性达不到栽培基质的基本要求,用于基质原

料的秸秆一般与鸡粪、猪粪等畜禽粪便混配后发酵，物料碳氮比（C/N）取决于制备基质的用途及基质标准，一般碳氮比30左右，含水量为55%～65%。鸡粪盐分含量高，过多的鸡粪会使制备的基质盐分含量过高，奶牛粪便含氮量低，需要补充氮素肥料。

② 中期处理。基质堆肥发酵流程同粪污堆积发酵技术模式，发酵后通常按照3∶1～4∶1添加蛭石、珍珠岩、矿渣、泥炭、土壤等材料复配改善其物理性状和稳定性。添加高吸水树脂、生物炭等材料弥补基质保水保肥性能。

③ 利用。利用时需检测肥料营养浓度，应符合基质盘和基质土营养需求以及《畜禽粪便无害化处理技术规范》（GB/T 39195—2018）。

（4）适用范围　该模式适用于区内大中型生态农业企业和家庭生态农场，需对接果菜栽培基地。

（5）优点和不足

优点：畜禽粪污、食用菌废弃菌渣、农作物秸秆三者结合，科学循环利用，形成一个有机循环农业综合经济体系，提高资源综合利用率。

不足：生产链较长，精细化技术程度高，要求生产者的整体素质高，培训期实习期较长。

3. 粪便饲料化利用

（1）概述　（主要养殖蚯蚓、蝇蛆、黑水虻等）畜禽养殖过程中的干清粪与蚯蚓、蝇蛆及黑水虻等动物蛋白进行堆肥发酵，生产有机肥用于农业种植，发酵后的蚯蚓、蝇蛆及黑水虻等动物蛋白用于制作饲料等。

（2）工艺流程

见图2-2-9。

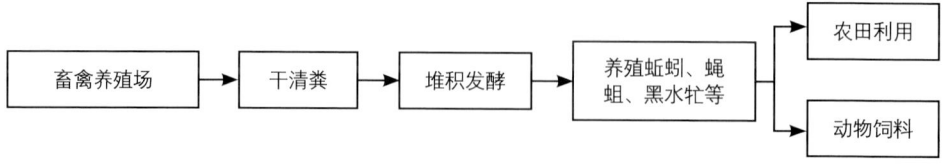

图2-2-9　畜禽粪便饲料化利用工艺流程

（3）技术要点

① 物料预处理。畜禽粪便通过干清粪收集，粪便与污泥或黄土按照7∶3的比例配制基料，物料预处理、堆肥发酵过程同粪便堆肥发酵模式。

② 养殖环境。以蚯蚓为例，其生长环境和基料的pH要求在6~8，最适宜为7，超过这个范围蚯蚓会出现脱水变干、萎缩、反应迟钝、逃逸等现象。

③ 养殖管理。养殖采用"地垄"的形式，先将地面平整，将基料均匀地铺在地上，铺设成宽1.5 m、高0.2 m、长度依场地而定（推荐30 m左右）的养殖地垄，养殖地垄之间要有1.5 m左右的空隙，以便加料和管理。将种蚓均匀地撒在养殖地垄上，每平方米投放0.5 kg（约1万条），夏季密度可以小些，冬季密度大些（种蚓宜每年更新1次，以保蚓群的旺盛）。铺好种蚓后，在种蚓上面再铺上一层10 cm厚的基料，基料上面再覆盖一层麦草，铺好后在基料和麦草上浇上适量的水，1 d后进行检查种蚓存活情况。一般夏季每月采收1次，春、秋、冬季每1.5个月采收1次。

④ 利用。处理后的粪肥须达到《畜禽粪便无害化处理技术规范》（GB/T 36195—2018）要求。

（4）适用范围　适用于周边有配套农田，有一定市场需求的养殖场。

（5）优点和不足

优点：改变了传统利用微生物进行粪便处理的理念，粪污通过蚯蚓等消化系统，在各种酶的作用下，能迅速分解、转化成为自身或其他生物易于利用的营养物质，既可以生产优质的动物蛋白，又可以生产肥沃的复合有机肥，实现生态、经济效益双赢。

不足：动物蛋白饲养温度、湿度、养殖环境的透气性要求高，要防止鸟类等天敌的偷食。

4. 粪便燃料化利用

（1）概述　畜禽粪便经过搅拌后脱水加工，进行挤压造粒，生产生物质燃料棒。

（2）工艺流程

见图2-2-10。

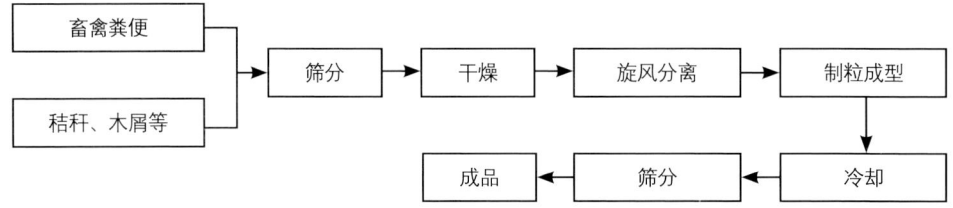

图2-2-10 畜禽粪便燃料化利用工艺流程

（3）技术要点

① 物料预处理。畜禽粪便通过干清粪收集，按比例掺杂锯末和秸秆，通过输送机将原料输送到筛分机进行筛分，筛出较大的木块或者木钉等杂物。

② 干燥分离。燃料通过输送机输送到烘干机进行干燥烘干之后，再通过旋风分离器排除湿气。

③ 制粒成型。在一定温度与压力作用下，将各类原来分散的、没有一定形状的秸秆、树枝等生物质，经干燥和粉碎后，压制成具有一定形状的、密度较大的成型燃料。一般密度为0.8～1.4 g/cm³，热值为16 720 kJ/kg左右。

④ 冷却。刚出来的成型燃料温度高达80～90℃，结构较为松弛，容易破碎，须经过逆流式冷却系统冷却，至常温后方可装袋入库或经皮带输送机和提升机送入筒仓。

⑤ 筛分。将冷却后的颗粒燃料，采用振动筛进行筛选，将碎料等筛分出来，确保生物质燃料质量。

（4）适用范围　该模式仅作为粪污处理的一种方向，大面积推广难度大。

（5）优点和不足

优点：畜禽粪便制成生物质环保燃料，作为替代燃煤生产用燃料，成本比燃煤价格低，减少二氧化碳和二氧化硫排放量。

不足：粪便脱水干燥能耗较高。

第三节　达标排放类

一、概述

（一）概念

达标排放模式是在耕地畜禽承载能力有限的区域，大型规模养殖场（小区）采用机械干清粪、干湿分离等节水控污措施，控制粪水产生量和污染物浓度；粪水通过厌氧、好氧生化处理，物化深度处理及氧化塘、人工湿地等自然处理，出水水质达到国家排放标准和总量控制要求；固体粪便通过堆肥发酵等方式生产有机肥或复合肥。

达标排放的概念很宽泛，不同阶段、不同地区、不同企业，养殖粪水达标排放的理解有所不同，要求不一，有些地区某些养殖企业的粪水经初步处理后纳入工业污水或城市污水统一集中处理，即为达标。当然仍有许多省份，特别是水资源比较紧缺的地区，以达到农业灌溉水标准作为达标排放。随着经济社会的不断发展，人们的环保意识逐步加强，对环境要求越来越高，迫使部分地方政府和环保部门不得不提高养殖污水排放标准，在新国标出台前有的地方已要求按照污水综合排放标准一级或二级标准执行。

（二）工艺要求

养殖粪水达标排放处理模式的基本要求，是通过各种净化方法，使粪水必须达到一定的净化要求才能排放，防止粪水中的污染物引起环境水体污染。粪水中所含的污染物按其存在形态可分为溶解性和不溶解性两大类。不同形态污染物去除难易程度相差较大，所采用的方法与工艺也不相同。养殖粪水由于饲养方式、清粪工艺不同，采用的方法与工艺更需要进行综合分析与选择。

（三）分类

1.按作用原理分类

污水处理通常分为物理技术、化学技术、生物处理技术和自然处理技术等。

物理技术：利用物理作用分离污水中的非溶解性物质，在处理过程中不改变化学性质。常用的有筛滤、沉淀、离心分离、气浮、反渗透及膜浓缩等。格栅、网筛、沉淀池等常用于养殖粪水的预处理，以减少进入生物处理的粪水浓度，二次沉淀、过滤、反渗透及膜浓缩常用于后续的深度处理。

化学技术：利用化学反应作用来处理或回收污水的溶解性物质或胶体物质的方法。常用的有中和法、混凝法、氧化还原法、离子交换法等。化学处理效果好、费用高，多用于生化处理后的出水做进一步的处理，提高最后出水水质。氧化消毒处理常用于回水利用的工艺流程中。

生物处理技术：利用微生物的新陈代谢功能，将污水中呈溶解或胶体状态的有机物分解氧化为稳定的无害物质，使污水得到净化。污水生物处理技术是污水处理工程中应用最广泛的技术，主要利用自然环境中微生物的生物化学作用分解有机物、转化无机物（如氨、硫化物等），使之稳定化、无害化。生物处理技术具有效率高、成本低、投资省、操作简单等优点，在生活污水、工业废水和畜禽养殖废水的处理中都得到了广泛的应用。其缺点是对要处理污水的水质（如废水成分、pH等）有一定的要求，对难降解有机物去除效果差；温度影响较大，冬季一般效果较差；占地面积较大。根据处理过程对氧气需求情况，污水生物处理法分为厌氧和好氧两大类。

自然处理技术：利用自然生态系统中物理、化学和生态等协同作用，通过自然光照、微生物、自然氧化等达到污水自然消解净化的目的，也称生态净化处理法。该技术具有投资少、运行费用低、维持技术水平要求低和能耗小等优点。自然处理技术分为人工湿地、氧化塘（稳定塘）、水生养殖、土地处理等技术。

2. 按处理程度分类

污水处理按照处理程度可分为一级处理、二级处理和三级处理。

一级处理：主要是去除粪水中呈悬浮状态的固体污染物，常用物理法。经过一级处理后的粪水BOD去除率只有20%~30%。一级处理达不到排放标准，属于二级处理的预处理。

二级处理：一般采用生物化学处理方法。主要是大幅度去除粪水中呈胶体和溶解状态的有机物，去除率可达80%~90%，达到或基本达到污水排放标准。

三级处理：在一、二级处理的基础上进一步去除某些疑难降解的有机物、氮、磷等容易导致水体富营养化的无机物质，以及有毒有害的重金属元素。三级处理属于深度处理，常用混凝沉淀法、生物脱氮脱磷法、膜过滤技术等。

（四）工艺流程

养殖场的畜禽种类、养殖规模大小、饲养与清粪方式、基础设施条件以及达标排放要求等因素不同，选用的工艺流程也有所差异。畜禽养殖业作为全国污染物防治重点行业，其粪水的达标治理越来越受关注，畜禽养殖粪水具有典型的"三高"特征（COD高、氨氮高、SS高），而且含有无机盐类和重金属，目前单一的处理方法无法满足粪水达标排放的要求，绝大多数的达标排放处理工程采用多种技术模式的结合，以达到最佳的处理效果和尽可能低的处理成本。

选择工艺流程应采用经济有效、方便可行，效果稳定的方法，遵循"减量化、无害化、资源化、生态化、廉价化、简便化"的原则，尽量利用当地的自然地理环境优势，综合考虑，科学设计，合理布局。一般的工艺流程由几个技术单元依次或重复交叉组成，同类技术单元所采用的具体技术可以根据所处粪水处理阶段的技术需求合理选择，进行达标排放。养殖场常见的达标排放工艺流程有以下几种。（图2-2-11、图2-2-12、图2-2-13、图2-2-14）。

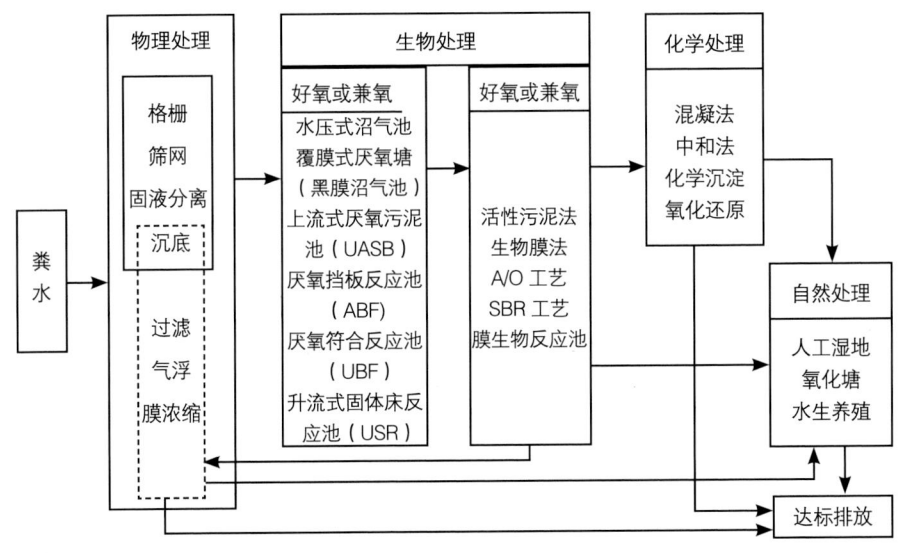

图2-2-11 粪水处理基本工艺流程

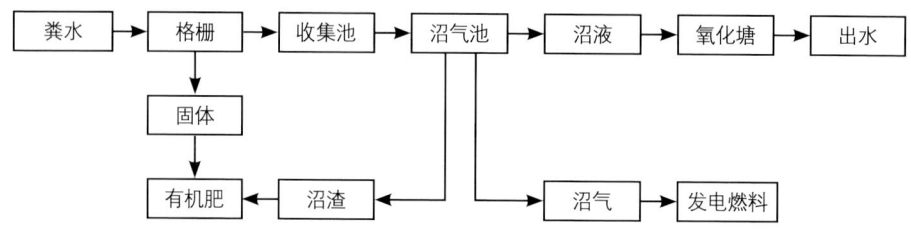

图2-2-12 常见工艺流程一

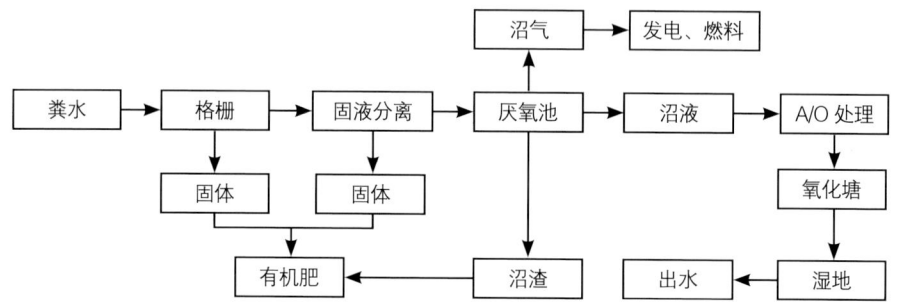

图2-2-13 常见工艺流程二

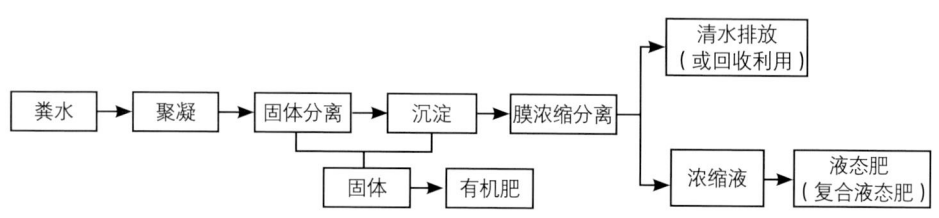

图2-2-14 常见工艺流程三

（五）技术要点

1. 物料预处理

养殖场粪污通过干清粪收集，固液分离产生的粪便按照堆肥发酵模式处理后还田利用或生产有机肥。

2. 粪水的处理与利用技术

粪水的处理方式有自然处理技术、生物处理技术、物理化学处理技术等。

自然处理技术：主要有人工湿地技术和氧化塘处理技术。其中通过人工湿地技术处理时，入水必须经过预处理，去除沉淀物和悬浮物。其设计要求是BOD_5负荷率为$0.73\,kg/(hm^2 \cdot d)$，停留时间至少12 d。具体停留时间长短主要依赖于平均气温和降解BOD所需实际时间，最后出水的$BOD<30\,mg/L$，$TSS<30\,mg/L$，$(NH_4^+-N)<10\,mg/L$。氧化塘处理费用低廉，运行管理方便，按照优势微生物种属和相应的生化反应的不同，分为好氧塘、兼性塘、曝气塘和厌氧塘等4类。其中好氧塘水深$0.3\sim0.5\,m$，兼性塘水深$1.5\sim2.0\,m$，曝气塘水深$3\sim4\,m$，最深可达5 m；厌氧塘水深一般2.5 m以上，最深可达5 m。曝气塘一般采用机械曝气，停留时间常介于$3\sim8\,d$，BOD_5去除率在70%以上。厌氧塘停留时间在$30\sim50\,d$，一般只能做预处理。

生物处理技术：主要有好氧生物处理、厌氧生物处理和好氧-厌氧组合处理。好氧生物处理法的技术原理是微生物利用粪水中存在的有机污染物为底物进行好氧代谢，经过一系列生化反应，逐级释放能量，最终以低能位的无机盐稳定下来，达到无害化的要求。影响好氧生物处理的主要因素：溶解氧、水温、营养物质、pH、有毒物质、氧化还原电位等，其中溶解氧浓度以2 mg/L左右为宜，水温$20\sim30\,℃$为宜，营养物质中除BOD_5表示碳源外，氮、磷需要量可按$BOD_5:N:P=100:5:1$进行估值，pH一般以$6.5\sim9.0$为宜。厌氧生物处理也称厌氧消化或沼气发酵，是在无氧的条件下，通过兼性厌氧微生物、厌氧微生物的作用，将废水中各种复杂有机物分解转化成甲烷和二氧化碳等物质的过程。影响因素：温度、营养要求、pH、F/M、有毒物质、氧化还原电位等，其中在常温条件下（$20\sim25\,℃$）能较好地节省能量和运行费用，pH一般以$6.8\sim7.2$为宜，要求$COD:N:P=200:5:1$。厌氧-好氧组合处理工艺是厌氧生物处理工艺在前，好氧生物处理工艺在后。首先在厌氧段，通过密封措施维持反应堆厌氧条件，利用厌氧微生物、兼性厌氧微生物分解有机污染物，去除绝大部分有机物并产生沼气。然后在好氧阶段，通过向反应器（曝气池）充氧维持好氧条件（或间歇好氧条件），利用好氧微生物进一步分解有机污染物，进行硝化反硝化作用脱氮，以及除磷等，最终分解为稳定的无机物，达到净化目的。

物理化学处理技术：主要有絮凝技术、气浮技术、电解技术等。絮凝技术是向废水中添加适当的絮凝剂，其作用是吸附水中微粒，一般用于养殖废水的预处理。气浮技术是向废水中通入空气或其他气体产生气泡，利用高度分散的微小气泡黏附废水中密度小于或接近于水的微小颗粒污染物，形成气浮体，因黏合体密度小于水而上浮到水面，从而使水中细小颗粒被分离去除，实现固液分离的过程。电解技术是选用具有催化活性的电极材料，在电极反应过程中直接或间接产生氧化能力极强的羟基自由基，其氧化能力（2.80 V）仅次于氟（2.87 V），达到分解有机物的目的。

3. 利用

处理后的污水达标排放或场区回用时，应符合《畜禽养殖业污染物排放标准》（GB 18596—2001）等相关标准。

（六）适用范围

该模式适用于区内没有配套农田或农田面积承载能力不足的生猪或奶牛规模养殖场。

（七）优点和不足

优点：粪水深度处理后进行达标排放可减少粪污贮存设施的用地，场区回用可缓解养殖场用水压力。

不足：较传统的处理方式来说，该模式需要较为复杂的机械设备和质量要求较高的构筑物，投资规模大，其设计和运转均需要具有较高技术水平的专业人员来执行，运行费用高。

第三章 主要典型案例

第一节 粪污资源化利用整县推进典型案例

一、贺兰县畜禽粪污资源化利用整县推进典型案例

（一）概况

1. 县域基本情况

贺兰县是宁夏银川市辖县，位于宁夏北部，南与首府银川市融为一体，北与国家5A级旅游景区沙湖相毗邻，西依贺兰山，东临黄河。辖区总面积1 197.57 km²，总人口（常住人口）26.17万人，农村人口11.26万人，下辖4镇1乡2个农牧场。贺兰县属于中温带干旱气候区，境内河流湖泊纵横交错，是黄河自流灌溉地区，灌溉耕地面积57万亩。县内优质粮食、蔬菜、水产、奶畜等"一优三特"产业闻名遐迩。贺兰县是全国商品粮生产基地、西部四季鲜菜之乡、西北渔业第一大县，是国家级现代农业示范区，国家级现代农业改革与建设试点县，国家现代农业产业园，全国畜牧业绿色发展示范县。贺兰县丰富的农业资源、得天独厚的自然禀赋，为贺兰县发展现代畜牧业奠定了坚实的基础。

2. 养殖业生产概况

贺兰县是全国奶牛大县，县委县政府高度重视奶产业发展，《贺兰县农业"十三五"发展规划》将奶产业作为"一优三特"主导产业进行重点培育，全力打造宁夏优质奶源基地和优质奶牛繁育基地，奶产业成为全县农业农村经济的支柱产业。2018年年底，全县奶牛存栏4.65万头，肉牛存栏2.12万头，生猪存栏2.75万头，羊存栏12.03万只，家禽存栏95.17万只。肉、蛋、奶产量分别达到10 796 t、4 048 t、249 338 t。全年畜牧业产值13.19亿元。奶产业作为畜牧业的主

导产业，规模化标准化程度高，规模化养殖率达到99%。在大力发展畜牧业的同时，贺兰县将畜牧业绿色发展作为首要目标，建立畜禽粪污资源化利用体系，畜禽粪污总产量106.98万t，规模养殖场粪污设施配套率达到100%，畜禽粪污资源化利用量105.89万t，畜禽粪污资源化利用率达到98.98%。

3.种植业生产概况

贺兰县农业基础雄厚，有助于实现种养结合。全县水稻种植面积18.2万亩，玉米12.8万亩（其中，籽粒玉米5.5万亩、青贮玉米7.3万亩），小麦8.4万亩，优质多年生饲草4.47万亩，蔬菜种植面积14.95万亩（其中，设施蔬菜3.05万亩、供港蔬菜基地3.9万亩、露地菜8万亩）。贺兰县成立了"有机水稻产业联合体"和"蔬菜产业联合体"，为发展绿色有机农业注入了生机与活力。根据《畜禽粪污土地承载力测算技术指南》，以氮为基础，土壤氮养分水平Ⅱ，粪肥比例50%，当季利用率25%的不同植物土地承载力推荐值进行测算，全县耕地、林地、草地所能承载最大猪存栏825 997头。根据猪当量进行折算，以2018年奶牛、肉牛、羊、家禽、生猪存栏量为基础折算，全县生猪存栏494 655头，全县有充足土地消纳畜禽养殖粪污，发展种养结合、循坏发展模式的条件。

（二）总体设计

1.强化组织保障

为确保整县推进项目顺利实施，贺兰县组织成立了项目领导小组、技术专家组、实施小组。领导小组由政府负责人担任组长，农牧、发改、环保、国土、审计、财政等相关部门负责人为组员，主要负责顶层设计、组织部署、调度指挥、部门协调、督查验收。邀请宁夏畜牧工作站、银川市环保监测站与贺兰县农业农村局等相关领域专家组成技术专家组，对项目进行设计、技术指导。县发改、农牧、环保等单位技术人员及养殖场负责人组成实施小组，严格按照实施方案的内容组织实施项目建设内容，做好相关技术推广指导、项目基础设施建设及现代化设备的引进等工作。

2.规划布局

贺兰县将草畜产业纳入全县农业"一园五带两路"规划布局，根据区位特点以及养殖规模，将畜牧业主要划分为草畜产业带和中等规模养殖区。建立了贺兰山东麓草畜产业带，涉及洪广镇、南梁台子等地，配套建设支持草畜产业发展的饲草种植基地，形成种养紧密结合的草畜产业带。在中东部地区建立以生猪、家禽适度养殖的中等规模养殖区，涉及金贵镇、习岗镇，建设粪污污水深度加工处理再利用设施设备，与种植基地建立粪污消纳利用体系。逐步形成了产业布局合理、主次分明、突出重点、整体推进的县域农业产业发展规划。

3. 管理原则

（1）统一实施方案。根据整体规划布局，制订合理完善的实施方案，并根据不同主体，因场施策，做到粪污资源化利用全覆盖；养殖场制订"一场一策"粪污资源化利用实施方案。

（2）全程控制管理。在项目建设过程中，建立专门的项目运行管理机构，由专门的管理人员统一管理、分项操作。组织有关部门、专家对项目进展和完成情况进行检查，确保项目按方案组织实施。实施过程中建立健全项目建设档案，对项目施工、设备购置等进行登记入账，做到档案资料齐全。项目建设工程结束后，进行自查自验。

（3）加强资金管理。项目建设实行"以奖代补，先建后补"的原则，按照项目建设方案对照实施主体项目建设内容完成情况，资金投入情况进行决算并经有资质的第三方审计公司进行审计，按照奖补资金不超过投入资金50%的原则给予一次性奖补。项目资金直接下达到农业农村局专户中，并设立独立科目，专账管理，建立了严格的项目建设资金使用制度，运用财政、审计等综合力量，加强项目资金使用过程中的监督检查，实行专款专用。

（4）强化监督管理。一是加大执法监督检查力度。贺兰县农业农村局联合生态环境局对项目实施情况进行不定期督查，对畜禽规模养殖场粪污资源化利用情况、配套设施建设及运行情况、养殖场环境卫生情况进行定期督查，对项目实施不力、环境卫生较差的养殖场现场下发整改通知及处罚，督促养殖场按照项目实施方案高质量完成项目建设，保护环境卫生。二是严格执行环境准入。新建、改（扩）建畜禽规模养殖场要严格履行环境影响评价和"三同时"制度，严禁在禁、限养区内新建畜禽规模养殖场。

4. 工作机制

（1）总体思路。按照整县推进，分步实施，分单位建设的总体思路，遵循"填平补齐"的原则，整县推进畜禽粪污资源化利用。贺兰县奶牛养殖标准化规模养殖程度高，是全县畜牧业优势特色主导产业，是畜禽养殖粪污的主要来源。首先加强奶牛养殖粪污资源化利用设施设备建设，在规模奶牛场主要采取"种养一体化＋循环利用"和粪污污水深度处理再利用两种模式，重点围绕粪污处理利用、饲草料基地配套、奶牛场设施设备标准化改造提升等方面进行建设，通过源头减量化、自建有机肥加工、配套牧草基地消纳、建立稳定粪污消纳基地等模式，实施资源化利用；在家禽、生猪、肉牛、肉羊等养殖场建立种养紧密结合的粪污处理利用模式，鼓励养殖场就地就近处理养殖粪污，养殖场全覆盖建设粪污收贮设施，通过堆贮发酵、第三方收集处理等措施，将粪污生产为有机肥用于周边农田。在全县形成了"种养结合、农牧循环"农业发展格局。

（2）规范项目流程

①摸清养殖底数。根据全县养殖备案系统对规模养殖场进行摸底调查，对申报项目的养殖场逐一入场调查，统计养殖场现有资源化利用设施、环评（环境影响评价备案）、周边可消纳土地情况等。

②确定实施主体，分类指导。针对不同区位条件、养殖规模、基础设施的养殖场，确定适宜的粪污处理模式和建设内容，指导养殖场制订"一场一策"粪污资源化利用项目申报实施方案，同时开展分类指导。

③项目建设。养殖场根据项目实施方案，做好模式选择、设备选型、项目实施进度规划，按照进度规划及专家意见建议进行项目建设，同时做好环评备案工作。

④第三方审计。项目实施单位建设完毕后，整理项目实施方案、施工图纸、项目自验报告、项目结算报告等资料，经有资质的第三方审计咨询单位对项目建设内容及资金进行审计，审计通过后方可提请多部门联合验收。

⑤项目验收。组织县级环保、审计、财政、农业农村等部门组成项目验收组，根据第三方审计单位出具项目实施单位审计报告，对项目实施单位建设内容和资金投入分批入场验收。

⑥结果公示。验收结束后,在贺兰县政府门户网站或微信公众号对验收结果进行公示。

⑦资金拨付。公示无异议后,及时拨付奖补资金。

⑧资料归档。项目实施小组对项目实施主体档案资料进行分户归档和统一保存,资料包括资源化利用方案、资源化利用总结、养殖场环评资料、项目验收表、项目审计结果、项目设施照片、项目建设发票、会计凭证等。

(3)建立养殖污染治理长效工作机制。县人民政府每年组织相关部门召开贺兰县畜禽养殖废弃物资源化利用工作会议,研究部署全县畜禽粪污资源化利用工作。按照"河长制""水污染防治""农业面源污染防治"等要求,制定完善的养殖污染管理长效工作机制。将畜禽养殖废弃物资源化利用工作纳入政府对农牧、环保、国土、乡镇等部门的绩效考核,考核指标作为年度绩效依据。

(4)强化技术指导与培训。一是加强技术培训。积极开展畜禽粪污资源化利用培训及现场观摩会,每年召开粪污资源化利用培训及现场观摩会2场次以上,组织全县规模养殖场(户)必须参加培训。推广畜禽养殖粪污资源化利用的技术模式、经验做法,切实增强畜禽养殖人员的责任意识和绿色发展意识,不断提高畜禽养殖粪污资源化利用和污染防治水平,共同营造推进畜禽养殖粪污资源化利用的良好氛围。二是加强技术指导。围绕源头减量、粪污处理、还田利用等关键环节,开展畜禽粪污资源化利用科技攻关,推广应用生物发酵饲料、微生物菌剂等科技手段(图2-3-1),提高饲料消化率,分解养殖异味,减少粪污产生量,提升粪污资源化利用水平。根据《畜禽粪便贮存设施设计要求》和《畜禽养殖污水贮存设施设计要求》等规范,分类对奶牛、肉牛、家禽、生猪、羊等畜禽粪污进行无害化处理及资源化利用,提高资源转化利用效率。三是开展入户指导培训。结合"全国基层农技推广与改革

图2-3-1 粪水氧化发酵塘定期定量喷洒微生物菌剂,降低养殖粪污异味(毛春春供图)

示范""草畜产业节本增效科技示范"等项目,采取技术人员包点方式,开展一对一技术指导与服务,重点从节本增效实用技术推广及粪污资源化利用等方面,提升畜牧业综合生产能力,加快产业转型升级。

（三）推进措施

1.规模化养殖场粪污设施设备全覆盖

按照规范化、全覆盖的原则,在规模养殖场采用源头减量、过程控制、末端利用进行粪污资源化利用。

（1）奶牛养殖场。经过多方调研,最终选择2~3种适用贺兰县规模奶牛场粪便及污水处理设备。其中,污水处理:3 000头以上规模奶牛场主要选用固液分离+氧化塘氧化还原处理;3 000头以下规模奶牛场选用由MBR膜生物反应器组成的复合式厌氧折流板反应工艺,污水经深度处理后水质达到相应标准后养殖场回用或灌溉农田。粪便处理:大型规模奶牛场粪便处理主要采用两种方式,一是通过第三方处理中心建立长期订单销售模式,将粪便外销给有机肥加工厂生产有机肥;二是自建粪便处理中心,配套相应的土地,采用槽式或条垛式发酵的方法将粪便生产为有机肥（图2-3-2）,施用于自有土地,实现种养结合。2 000头以下规模奶牛场选用粪便肥料化一体设备处理,每天将新鲜牛粪装入一体设备内（图2-3-3）,经48 h高温好氧发酵加工为有机肥用于自有土地或销售给周边种植基地,减少粪便堆积及臭味散发。

（2）肉牛、肉羊、家禽养殖场。肉牛、肉羊、家禽粪便含水量较低,圈舍干燥,粪便容易堆积。规模养殖场采用种养结合模式,养殖场建设堆粪场,将粪便堆积发酵3个月以上,或第三方收集处理生产有机肥,还田利用。

（3）生猪养殖场。全县规模猪场共9个,猪存栏7 485头,户均存栏832头,普遍为中小规模养殖场,生猪规模养殖场采用漏粪地板、干清粪工艺,粪污经干湿分离后,粪便在堆粪场内自然发酵3个月以上还田利用,液体在贮粪池内贮存6个月以上,作为液体肥料和农田灌溉水同时以适当的比例灌溉周边农田。

2.养殖专业户和散养户就地利用

畜禽养殖专业户和散养户大多自有土地充足,能够消纳养殖产生的粪污。

图2-3-2 大型规模奶牛场建设槽式或条垛式粪便处理设施及设备，对养殖场粪便进行无害化处理（毛春春供图）

图2-3-3 粪便肥料化一体设备对畜禽粪便进行快速发酵处理，减少粪便堆积及臭味散发（毛春春供图）

养殖专业户和散养户粪污资源化利用方式为种养紧密结合模式，建设相应的粪污堆积场所，养殖粪便在场内堆积发酵后就近施用于自有农田。

3. 第三方处理中心

全县共有7个有机肥加工处理中心，其中6个以畜禽粪便作为主要原料生产有机肥，年可消纳粪污6.5万t，年生产有机肥3.1万t。第三方处理中心安排专门拉运粪污的车辆，定期就近收集没有粪污处理设施设备的规模养殖场、专业养殖户养殖粪污，加工为有机肥。

4. 农牧结合种养平衡措施

（1）规划适宜的种养结合模式　贺兰县畜禽粪污资源化利用模式主要采用种养结合模式，分别探索并推广了适用于大型规模养殖场和中小规模养殖场户的畜禽粪污资源化利用模式。大型规模养殖场主要通过流转周边土地自建种植基地或签订长期稳定粪便销售订单消纳养殖场产生的畜禽粪污，中小规模养殖场（户）通过粪便快速发酵一体化处理和自然堆放发酵处理畜禽粪污，处理后的畜禽粪肥可直接还田或用于有机肥生产的原料。

（2）保持稳定耕地面积　近年来，贺兰县通过建设永久性蔬菜基地、划定粮食生产功能区、永久基本农田建设、高标准农田建设、秋冬农田水利建设、耕地占补平衡等措施，保持全县耕地面积稳定在57万亩，建立足够用于消纳粪污的土地。

（3）建立种养结合紧密衔接机制　一是政策引导，建立畜禽养殖粪污与种植业紧密结合模式。大力推广实施果菜茶有机肥替代化肥、银北万亩盐碱地改良、测土配方施肥等技术示范，加大有机肥使用量，强化粪肥还田一体化发展。二是大力推广种养结合生态养殖模式。积极鼓励规模养殖场通过流转、租用等方式配套建设相应的消纳粪污土地，将发酵处理后的固（液）体粪肥用于自有土地，实现粪便（肥水）还田。全县规模养殖场自建种植基地7.2万亩，其中自建牧草基地5.6万亩，通过自建种植基地，打通还田通道、分担还田成本，实现就地就近循环利用，构建种养循环发展机制。三是引导养殖场签订粪污消纳合同，解决粪肥还田"最后一公里"问题。对于没有相应配套粪污消纳土地的养殖场，鼓励养殖场与种植大户、企业签订长期稳定的粪污消纳合同，保障粪污就近还田利用。

（4）示范推广立体生态种养技术　鼓励水稻种植户建设深沟宽槽等田间工程，大力推广稻田养鸭、稻田养蟹、稻田养鱼等生态种养技术。全县建立稻田生态综合种养场点29个，示范推广面积10 835亩，有效促进种养一体化发展。

（5）大力实施果菜茶有机肥替代化肥项目　2018年、2019年果菜茶有机肥替代化肥试点项目在全县设施日光温室园区实施，总规模2.655万亩，计划堆制畜禽粪便有机肥11 447 t，其中，建立"有机肥＋水肥一体化"模式示范24 900亩，建立"有机肥＋秸秆生物反应堆"模式示范1 500亩，建立"有机肥＋绿肥＋机械深施"模式示范100亩，建立"蚯蚓有机肥＋大处方防控"模式试验示范50亩。

（四）实施成效

1. 目标完成情况

全县畜禽粪污产生总量为106.98万t，资源化利用量105.89万t，畜禽粪污综合利用率98.98%。规模养殖场粪污资源化利用率为100%。根据《畜禽规模养殖场粪污资源化利用设施建设规范（试行）》，县级畜牧、生态环境部门对全县48个规模养殖场粪污资源化利用配套设施进行了联合验收，目前全县规模养殖场粪污处理设施全部建设完成，装备配套率达到100%。

2. 工作亮点

（1）建立联动机制。将"河长制""水污染防治""农业面源污染防治"与养殖粪污资源化利用相结合，建立考核联动，将畜禽养殖废弃物资源化利用工作纳入政府对相关部门的绩效考核内容，形成多部门联动，整县推进粪污资源化利用的机制。

（2）全覆盖建设粪污设施。抓大不放小，做到养殖粪污处理设施设备全覆盖，在做好规模养殖场设施设备全覆盖的同时，鼓励支持养殖专业户建设养殖粪污收集存贮设施，逐步建立退出机制，无处理消纳粪污能力的养殖户将逐步退出养殖或进入园区集中养殖，接受统一管理。到2018年6月，规模养殖场粪污处理贮存设施配套率达到100%，到2019年6月，养殖专业户设施设备配套率达到100%。

（3）建立奖补机制，提高项目建设单位积极性。作为奶牛养殖大县，首批争取实施"整县推进种养结合示范县"项目，县人民政府高度重视，结合国家奖补资金3500万元，整合宁夏粪污资源化利用资金1000万元，首先在规模养殖场，采取"以奖代补，先建后补"的政策，极大地调动了养殖企业（场）的积极性，加快养殖场粪污资源化利用设施设备的建设，到2018年6月，全县48个规模养殖场全部建设了粪污处理设施，设施配套率达到了100%。在完成规模场配套设施的同时，鼓励和支持养殖专业户配套建设粪污资源化利用设施，县财政配套资金30%，宁夏补助资金20%，养殖场自筹50%，支持养殖专业户建设粪污存贮、处理设施。截至2019年6月，全县29户养殖专业户配套建设了粪污存贮、处理设施。

（4）加大粪肥还田力度。将养殖粪污资源化利用和种植业有机肥替代化肥项目相结合，加大有机肥施用力度。通过推广实施秸秆生物反应堆、果菜茶有机肥替代化肥、测土配方施肥、病虫害绿色防控等技术示范，大力开展化肥减量、有机肥替代化肥行动，全县化肥减量22.4%，实现二代日光温室全覆盖。

3. 效益分析

（1）生态效益。探索粪污污水深度处理循环利用模式，形成种养一体化体系。通过粪污资源化利用设施设备的建设，减少了畜禽养殖对环境的污染，利用有机肥替代化肥可减少化肥用量22.4%，土壤有机质含量每年提高1.7%，为生产优质农产品创造条件，实现了养殖废弃物的减量化、资源化、无害化利用，有效维护生态环境安全。

（2）经济效益。通过养殖粪污资源化利用，保证了养殖业的稳定发展。2018年年底，奶牛存栏4.65万头，成年母牛单产达到8700 kg；由于养殖设施得到改善，奶牛单产比项目实施前头均提高900 kg，新增牛奶1.98万t，新增产值达到7326万元，新增利润594万元，奶牛养殖效益明显提升。肉牛、肉羊、生猪、家禽稳定发展，每年可加工有机肥20万t，增加收入3000万元。种植优质牧草12.2万亩，通过增施有机肥，牧草种植亩均节本增收100元，年增收1200万元。

（3）社会效益。紧紧围绕"创新、协调、绿色、开放、共享"的发展理念，有效补齐畜牧业种养结合的短板，促进了生态、健康、循环、安全、高效现代农业发展。通过粪污处理利用、强化种植基地建设、养殖设施改造等相关环节建设，采取种养结合循环发展方式，整县推进种养废弃物资源化利用，促进种植业与养殖业协调发展。拉长种养产业链，使畜禽养殖、粪处理和种植业并举发展，提高种养业附加值和综合经济效益，提升农业产业层次，为绿色生态农业的发展提供有力的技术支撑。大量优质有机肥还田利用，可以改善土壤结构，培肥地力，有效改善农产品品质，保障消费者的身心健康。养殖粪污资源化利用，有效地遏制了养殖业对环境的污染，保证了畜牧业的健康稳定发展，保障了畜产品的有效供给。

二、利通区畜禽粪污资源化利用整县推进典型案例

（一）概况

1. 县域基本情况

吴忠市利通区地处中国西北内陆，距宁夏银川市59 km，辖区总面积1 384 km²，辖8镇4乡和1个国家农业科技园，105个行政村21个城镇社区，总人口41.04万人。2018年，全区农林牧渔业总产值达43.1亿元，同比增长3.7%，农林牧渔业增加值达22.4亿元，同比增长4.0%；农村居民人均可支配收入达14 905元，增长9%。农业农村经济继续保持良好的发展态势。

利通区濒临黄河，拥有独特的气候和水资源条件，全年无霜期170 d，平均日照时数2 932 h；境内有秦渠、汉渠等输水干渠5条，清水沟等排水干沟3条；热量和灌溉条件在宁夏全境领先，素有"塞上江南""鱼米之乡"的美誉。利通区位于东经104°10′~107°39′，北纬35°14′~39°23′，从纬度上看，利通区位于世界公认的奶牛适宜分布带，发展畜牧业特别是农区奶业具有得天独厚的优势，已经成为宁夏奶牛养殖最早和发展速度最快的地区，也是奶牛养殖的核心区。利通区区位条件突出，距离银川河东机场40 km，京藏、福银高速公路、109国道穿境而过，交通四通八达，是西北地区传统的物资集散地。

2. 养殖业生产概况

（1）畜牧养殖和产业发展情况　2019年第二季度，奶牛存栏达到12.9万头，鲜奶年产量58.1万 t；肉牛存栏8.1万头，出栏3.9万头，饲养量达到12万头；肉

羊存栏24.8万只，出栏26.2万只，饲养量51万只；生猪存栏2.2万只，出栏1.6万只，饲养量3.8万只；家禽存栏102.2万只，出栏71.6万只，饲养量173.8万只。利通区内共有6家生物肥加工企业，年处理畜禽粪便能力45万t，年可生产有机肥15万t。

（2）主要畜禽产业分布情况　奶牛养殖主要集中在扁担沟镇的五里坡奶牛生态养殖基地和孙家滩优质奶牛养殖基地，两个基地均远离居住区和工业集中区，人迹罕至，形成了天然的封闭养殖环境，特别适宜发展奶牛养殖。

（3）畜禽粪污产量测算情况　根据农业农村部《关于做好畜禽粪污资源化利用跟踪监测工作的通知》（农办牧发〔2018〕28号）要求，畜禽规模养殖场粪污产生量参数，即：

液体粪污产生量＝养殖用水量×进入粪污产生系数（按45%计算）＋（单位尿液产生量（奶牛9.81，肉牛8.32，生猪2.36）×年末存栏×365/1 000

固体粪污产生量＝单位动物粪便产生量（按生猪3 kg/d取值）×年末存栏量×365/1 000

经测算，2018年利通区畜禽粪污产生量188.46万t。

3. 种植业生产概况

利通区总面积1 384 km^2，耕地保有量面积41.93万亩，永久基本农田保护面积33.578万亩，主要以优质粮食、瓜菜、经果林为主。

优质粮食，以优化结构、提升品质、精深加工为重点，生产"富硒粮"。落实粮食种植面积29.37万亩，其中，春小麦种植面积1.3万亩、玉米面积21.89万亩、水稻6.18万亩。

瓜菜产业，以规模化、标准化、无害化生产为重点，生产"有机菜"。利通区已落实瓜菜种植面积5.96万亩，其中，日光温室0.77万亩、拱棚西瓜0.9万亩、露地蔬菜2.92万亩、供港蔬菜1.37万亩。

经果林，以新品种基地建设和旧园区提质改造为重点，生产"精品果"，不断提高特色经济林基地建设、种苗基地建设质量和水平。利通区经果林面积4.15万亩，其中，苹果2.67万亩、红枣0.25万亩、枸杞0.26万亩、葡萄0.43万亩、小杂果（桃李杏）0.38万亩、设施果树（花卉）0.16万亩。

（二）总体设计

1. 组织领导

利通区成立了由区政府区长任组长，区政府分管农业农村、生态环境工作的副区长任副组长的畜禽养殖废弃物资源化利用工作领导小组，成员单位由区政府办、宣传部、发展和改革局、农业农村局、财政局、自然资源局、生态环境局、建设交通局组成，统筹推进利通区畜禽养殖废弃物资源化利用工作。

2. 规划布局

根据产业分布情况，以现代农业要素聚集为前提，绿色协同发展为基础，激发融合创新为导向，依托南北走向的利红公路作为主要交通枢纽轴线，形成以五里坡奶牛生态养殖基地、孙家滩优质奶牛养殖基地为中心，串联乳品加工、肉品屠宰加工，带动牧草种植、粪污处理、社会化服务的产业链。

3. 管理原则

源头减排，预防为主。通过降低日粮中营养物质（主要是氮和磷）的浓度、提高日粮中营养物质的消化利用、减少或禁止使用有害添加物以及科学合理的饲养管理措施，减少畜禽排泄物中氮、磷养分及重金属的含量。

种养结合，利用优先。畜禽粪污经过适当处理后，固体部分通过堆肥好氧发酵生产有机肥、液体部分可作为液体肥料，不仅能改良土壤和为农作物生长提供养分，而且能大大降低粪污的处理成本，缓解环保压力。因此，优先选择对养殖废弃物资源进行循环利用，发展有机农业，通过种植业和养殖业的有机结合，实现农村生态效益、社会效益、经济效益的协调发展。

因地制宜，合理选择。由于养殖场大小规模不一，所在地的环境要求也有所差别，不同畜种的粪污产生量也不同。因此，根据规模化畜禽养殖场的实际需要，采取不同的污染治理工程措施，切实解决养殖场的污染治理问题。

全面考虑，统筹兼顾。养殖污水的处理较固体粪便的处理难度大，而养殖污水量与生产中的多个环节有关。因此，应综合考虑养殖生产工艺、清粪方式、生产管理等因素，确定适当的养殖污水处理技术。

4. 工作机制

（1）总体思路　根据"存量整合、先易后难、渐进示范、整县推进"的建设思路,在利通区辖区奶牛规模养殖场中,重点开展粪污处理利用、种养结合设施完善、养殖设施改造等相关方面建设,使奶牛养殖粪污综合处理利用率达到100%。从而示范、引导利通区种养结合整县推进的发展方向促进种植业与养殖业协调发展。

(2)配套政策　一是规划优质饲草建设面积16.4万亩,其中,青贮玉米14万亩、冬牧70黑麦草1.1万亩、燕麦草0.1万亩、苜蓿1万亩;为规模养殖场提供饲草基地,打通粪污还田渠道。二是规划养殖用地。在扁担沟镇五里坡地区规划奶牛养殖用地4.6万亩,建设了五里坡奶牛生态养殖基地。

(3)工作方法　根据"存量整合、先易后难、渐进示范、整县推进"的建设思路,对利通区辖区内53家奶牛规模养殖场,分三年建设实施,使利通区奶牛养殖生产方式将由资源消耗和环境污染的方式转为资源循环利用的种养一体化发展模式。

(4)部门协调　为确保整县推进粪污资源化利用工作顺利进行,成立由政府区长任组长,分管农业农村、生态环境工作的副区长任副组长,发改、财政、审计、自然资源等相关部门为成员的畜禽养殖粪污资源化利用工作领导小组,统筹推进利通区畜禽养殖粪污资源化利用工作。

(5)项目统筹　为实现宁夏畜禽养殖粪污资源化利用整县推进的目标,还实施了宁夏粪污资源化利用补贴项目43个。主要以畜禽养殖粪污资源化利用设施"填平补齐"的原则进行建设和补助,达到整县推进的目标。

(三)推进措施

1. 规模化养殖场

通过对辖区内奶牛规模养殖场的种养一体化,三改两分再利用,粪污、污水深度处理,饲草地配套建设,养殖设施改造以及项目建设内容涉及的相关设备购置,使奶牛养殖企业粪污达标排放和水资源循环利用,实现生态养殖、粪污循环利用的目标。

2. 养殖专业户和散养户

全面落实畜禽养殖户(小区)主体责任。按照"谁污染,谁治理"的原则,畜禽养殖场户(小区)、专业合作社要严格执行环境保护法、畜禽规模养殖污染防治条例等法律法规，切实履行环境保护主体责任，发挥示范带动作用，建设必要的粪污分流、收集、贮存和堆沤等设施，有条件的还可建设有机肥加工、沼气工程等综合利用设施，或者委托第三方建设粪污处理设施进行无害化处理和资源化利用。建立环境保护责任制度，明确责任人和工作职责，保持污染防治配套设施正常运行，确保畜禽粪污资源化利用。

集中拉运处置。依托现有的农村畜禽粪污收集经纪人进行集中拉运处置。由各乡镇村督促养殖户将畜禽粪污统一交售给农村畜禽粪污收集经纪人，由农村畜禽粪污收集经纪人集中拉运至有机肥厂进行处理。生态环境局负责做好督查协调工作，农业农村局负责做好畜禽粪污回收指导工作。

3. 第三方处理中心

以有机肥生产为中心，全量化收集处理周边畜禽粪污，经过处理，生产有机肥，带动周边种植户用有机肥替代化肥、合理施用有机肥，形成区域绿色生态循环。

4. 农牧结合种养平衡措施

大力推广种养结合的生态养殖模式，打通还田通道、分担还田成本，实现就地就近循环利用，构建种养循环发展机制。引导畜禽养殖场根据畜禽养殖规模配套相应的消纳粪污土地，将发酵处理后的固（液）体粪肥用于自有土地，实现粪肥（肥水）还田。通过流转土地一体运作、建立种养合作社联动运作、签订粪污产用合同订单运作等方式，解决粪肥还田"最后一公里"问题。加大畜禽粪污资源化利用政企合作PPP模式支持力度，鼓励支持第三方建设有机肥厂和大型沼气工程，通过有机肥、沼液沼渣还田利用消纳畜禽粪污，调动社会资本参与畜禽废弃物资源化的积极性，形成畜禽粪污收集、存储、运输、处理和综合利用全产业链。培育粪污处理社会化服务组织，实行专业化生产、市场化运营。大力实施有机肥替代化肥行动，推动有机肥还田循环利用。

（1）推进种养结合，促进循环发展。通过项目实施，36家养殖场（企业、合作社）流转土地自种和订单收贮，饲草地配套建设12.76万亩，养殖场发挥一体化经营优势，将粪污还田用于青贮饲料种植，通过实施增施有机肥、配方施肥、高效节水灌溉、病虫害统防统治等技术，显著提高了青贮玉米种植水平。

全株玉米青贮优质率超过95%，流转土地自种的全株青贮玉米良种普及率达到100%。真正实现了田里长饲料，粪便做肥料，农牧结合，种养循环。

（2）促进畜禽养殖绿色发展。在项目实施过程中树立绿色发展理念，按照"一控两减三基本"的农业绿色发展总体要求，完成畜禽规模养殖场粪污干湿分离、雨污分流、粪污堆积场、污水处理设施和有机肥生产设施建设任务，项目实施单位粪污处理设施配套率达到100%，粪污综合利用率达到100%，实现粪污治理减量化、无害化和资源化，推动畜禽养殖绿色发展。

（3）提升奶产业规模化、标准化生产水平。通过项目实施，改扩建标准化养殖棚圈20.8万 m^2，新增卧床17 932套。标准化生产水平大幅提升，成年母牛年平均产奶量达到8 000 kg，比项目实施前增加了350 kg。每千克奶成本降低0.1元，鲜奶乳脂率达到3.7%以上，乳蛋白率达到3.05%以上，体细胞数在30万/ml以下。奶牛规模养殖场建设标准化、生产规范化、管理精细化水平进一步提升。

（4）提高畜禽养殖综合效益，促进农民增收。通过项目建设，大幅提升了畜禽养殖的综合效益，通过土地流转、租赁、合同收购、订单种植等方式，配套建设优质饲草种植面积12.76万亩。采取"基地＋公司＋牧场＋农户"的模式种植优质饲草，通过保底收入＋分红的机制让农民亩均收入增加175元，增加农民收入2 233万元。

（四）实施成效

1. 目标完成情况

（1）畜禽粪污综合利用率　2018年利通区畜禽粪污产生量188.46万t，畜禽粪污资源化利用量188.37万t，畜禽粪污综合利用率99.95%。其中规模养殖场畜禽粪污产生量99.79万t，规模养殖场畜禽粪污资源化利用量99.7万t，规模以下养殖场户畜禽粪污产生量88.67万t，规模以下养殖场户资源化利用量88.67万t。

（2）规模养殖场粪污处理设施设备配套率　由原利通区发展改革局、农牧和科学技术局、环境保护和环境卫生综合管理局联合对辖区内61家畜禽规模养殖场（奶牛规模养殖场35家、肉牛规模养殖场17家、肉羊规模养殖场7家、生猪规模养殖场2家）粪污处理设施进行了验收，其中55家畜禽规模养殖场（奶牛规模养殖场30家、肉牛规模养殖场16家、肉羊规模养殖场7家、生猪规模养殖场2

家）符合《畜禽粪便贮存设施设计要求》（GB/T 27622—2011）和《畜禽养殖污水贮存设施设计要求》（GB/126624—2001）的设计和建设要求。2018年，规模养殖场粪污处理设施设备装备配套率达到90.16%。

2. 工作亮点

（1）工作创新点　针对利通区奶牛规模化养殖场存在的粪便集中堆积和场区运输二次污染的普遍问题，按照以奖代补的方式，2017年通过新技术、新工艺引进，与试点单位达成建设协议，选择两家奶牛养殖场，建设粪便不出场资源化利用加工试点。利用粪便加工生产和粪便加工生物有机肥项目，旨在解决牧场燃煤锅炉的替代燃料、解决牧场饲草料基地生物有机肥的需求。

（2）粪污处理模式　利通区畜禽粪污资源化利用技术路线主要有粪便腐熟还田模式、生物有机肥生产模式和粪水集中收集处理模式。

粪便腐熟还田模式：奶牛标准化规模养殖场建设与养殖规模配套的牛粪、生牛粪经过一段时间的晾晒发酵，出售给青贮玉米种植大户进行农田施肥或进入养殖场流转土地自种青贮玉米（苜蓿）进行施肥，青贮玉米由养殖场收贮加工全株玉米青贮，形成"奶牛养殖—粪便堆贮腐熟—农田消纳（种植青贮玉米及牧草）—收贮加工制作青贮饲料—循环综合利用"的种养一体化生态农业生产的循环链。

生物有机肥生产模式：奶牛标准化规模养殖场建设与养殖规模配套的牛粪、生牛粪经过一段时间的晾晒发酵，进入有机肥加工企业或由养殖场加工生物有机肥，进入种植大户农田或养殖企业饲草料基地进行消纳，形成"奶牛养殖—粪便堆积场—有机肥生产—农田消纳（种植青贮玉米及牧草）—收储加工制作青贮饲料—循环综合利用"的种养一体化生态农业生产的循环链。

粪水集中收集处理模式：建设污水处理设施，配备污水处理设备，养殖场产生的污水经排污管道，进入1、2、3级污水沉淀池，经固液分离后，送至污水处理设备进生化处理，经过处理净化后的中水排入氧化塘自然氧化。氧化塘的水一部分回用于冲洗挤奶台，一部分用于场区绿化或浇灌农田。

通过三种粪污处理模式达到以下两个目标，一是粪便直接还田，达到种养结合的目标。将产生的粪便集中堆放发酵熟化后，采用合同制补助的方式供给种植合作社的农田进行消纳;种植基地生产的青贮玉米采用协议的方式供应给公司,养殖场把青贮玉米、牧草加工调制后饲喂奶牛,实现奶牛粪便全量化还田,达到了种养结合、以养带种,发展生态养殖的目标,提高了粪便的综合利用率。

二是奶厅污水回用,达到资源化利用目标。奶厅污水经排污管道,进入三级沉淀池;用水泵提取沉淀池内的水,送至污水处理设备进行生化处理,达到达标排放标准后排入氧化塘。氧化塘的水再次用于冲洗挤奶台,多余部分直接用于场内及周边草地绿化,实现牧场生产污水零排放,循环使用的环保目标。

第二节 种养结合典型案例

一、中卫市沐沙畜牧科技有限公司粪污资源化利用典型案例

(一)基本情况

中卫市沐沙养殖场以"科技引领、种养结合,生态循环、示范带动"为发展宗旨,建设草畜产业融合发展示范园。园区位于中卫市沙坡头区,涉及四个乡镇(迎水桥镇、常乐镇、东园镇、宣和镇)23个行政村,按照"一园三区、一基地、二中心、一平台、一体系"整体布局,建成万头奶牛标准化养殖区、高档肉牛养殖区、沙漠经济作物示范区、5万亩优质饲草料生产基地、废弃物资源化利用中心、科普教育培训中心、物联网+信息化管理平台、冷链物流体系。现存栏荷斯坦奶牛12 500头,日销鲜奶170 t,主要与宁夏伊利乳业有限公司、四川新希望乳业有限公司建立供销合作关系;存栏安格斯、西门塔尔种子基础母牛1 000头,年育肥出栏肉牛3 650头。建成高效优质牧草生产基地5万亩,主要种植粮饲兼用玉米、紫花苜蓿、燕麦草等。年产生牛粪3万 t,产生污水近1万 m^3。

(二)粪污收集处理、利用流程和关键技术

1.固体粪污处理

公司建设有机肥加工厂1座10万 t 有机肥加工厂,占地11 200 m^2,其中,发

酵车间3 600 m²、原料堆积场2 000 m²、熟料车间803 m²、配料车间800 m²、生产车间1 400 m²、成品车间1 800 m²、化验室及其他配套设施用房500 m²，购置翻堆机、喂料机、粉碎机、筛分机、自动配料机、搅拌机、烘干机、造粒机等有机肥加工设备28台（套）。将鲜牛粪及有机料先收集到集料场地进行发酵、然后预处理、混合、二次发酵、再调制、制粒、包装，最后出厂，严格按照国家有机肥生产质量标准《肥料效果试验和评价通用要求》（NY/T 2544—2014）生产，年可处理牛粪10万t，生产有机肥3.8万t，有机质达到45%左右、水分≤30%、氮磷钾含量5%左右等。目前，有机肥生产能力为年产有机肥1万t以上，全部用于5 000亩自有饲草料种植基地春播施肥。

2. 污水处理

建设污水处理厂2个，共5 050 m²，分别是50 m³/d污水处理厂和200 m³/d污水处理厂。50 m³/d污水处理厂采用膜处理技术，通过"破乳+DSP深度分离+B/C生化反应系统+一体化设备+MCR系统+RO系统"工艺，经过检测出水值为生化需氧量（BOD）58.6 mg/L（标准值≤150 mg/L）、化学需氧量（COD）73.3 mg/L（标准值≤300 mg/L）、悬浮物51 mg/L（标准值≤200 mg/L）、氮1.8 mg/L（标准值≤30 mg/L）等；200 m³/d污水处理厂采用的是"预处理+厌氧处理+生化处理+深度处理"工艺，可去除污水中80%左右的CODcr，病毒菌杀灭率96%以上，达到农业灌溉水质量标准后全部排放至园区经果林、防风林及饲草料生产基地中，利用率达到98%，既减少了环境污染，又为园区节省了成本，推动园区循环农业经济发展模式新高度，促进农业资源的永续利用和绿色发展。

（三）运行机制

园区粪污无害化处理建设投资3 000万元，其中，有机肥加工厂投资1 800万元，污水处理厂投资1 200万元，每年运营成本1 200万元左右。园区采用"以养定种、以种促养，种养结合"的模式，通过"龙头企业+农户+基地"的运营方式，与农户建立了长久的土地集约化流转利益联结机制，给农户支付土地流转费，取得集中连片土地的使用权，按照"统一生产、统一管理、统一收获、统一青贮加工"的组织形式，建设高效优质饲草料生产基地5万亩，主要种植粮饲兼用玉米、紫花苜蓿和燕麦草，年生产加工青贮饲料11万t、紫花苜蓿3 600 t、燕麦草3 000 t、籽粒玉米5 400 t。与家庭农场、流通大户签订青贮玉米最低保护价种植订单，进行玉米、牧草种植，形成稳定购销关系。

养殖场以"生态、循环、环保"为发展前提，建设粪污无害化处理中心，通过测土配方技术，将生产的有机肥还田，增加土壤有机质，提升肥料利用率，提高牧草品质，形成良性生态循环模式，鲜奶产销率达到98%，秸秆综合利用率达到100%，废弃物资源利用率达到98%，促进奶产业高效、高品质发展，打造绿色设施农业示范园地，提高企业品牌价值，促进多产融合发展。

（四）效益分析

1. 经济效益

目前年生产加工有机肥1万t以上，主要用于集约化流转的土地改良，减少化肥使用量，提高牧草质量和产量，每年为公司节省肥料成本450万元，促进了企业提质增效可持续发展。

2. 社会效益

园区粪污资源化处理中心共解决社会劳动就业25人，人均年收入5万元。辐射带动周边奶牛养殖农民专业合作社3个。

3. 生态效益

项目的建设促进了沙坡头区绿色生态农业的可持续发展，将生产的有机肥施入经果林及饲草料生产基地后，减少了化肥施用量，有效提高了土壤有机质，增加了土壤养分，降低了生产投入成本，提升农产品及饲草品质。污水通过污水处理厂进行净化达标后浇灌养殖园区经果林，保证污水充分有效合理地利用。

（五）自我评价

1. 亮点

园区以养定种、以种促养，形成种养结合的发展模式，在养殖园区建设粪污无害化处理中心，充分利用养殖产生的粪便制作有机肥，进行土壤改良、提升地力，养殖过程废弃物资源化利用达到98%以上。园区通过粪污、秸秆资源化利用，使种植业与养殖有机结合协调发展，使养殖废弃物得到治理、土壤得到改良、环境得以美化、种养体系顺畅、产业链条延伸、物质得以循环利用，有效地解决农业内部资源环境约束难题，实现农业发展与资源环境保护的双赢。

2. 不足

冬季天气较冷，发酵缓慢，时间较长，导致粪便堆积时间过长，增加了加工生产成本；技术团队和自主研发力量薄弱，产品较为单一，无法实现利益最大化。

二、贺兰县金贵镇五三奶牛养殖有限公司粪污资源化利用典型案例

（一）基本情况

贺兰县金贵镇五三奶牛养殖有限公司成立于2010年2月，位于贺兰县金贵镇银河村，占地面积97亩。养殖场建设标准化奶牛卧床640位，标准化养殖圈舍7 000 m^2，挤奶车间3 300 m^2，引进利拉伐2×16位挤奶设备。目前养殖场存栏奶牛566头、成年母牛300头，日产鲜奶6.5 t，年产粪污7 500 t。2016年以来养殖场贯彻绿色发展理念，实施"奶牛养殖大县种养结合整县推进试点"项目，建设粪便处理车间1 200 m^2，粪便快速发酵设备1套，污水处理车间及设备1套。养殖场探索并建立了"种养结合、生态循环"的低碳环保养殖模式，实现了"减量化生产、无害化处理、资源化利用、生态化还田"。

（二）粪污收集处理利用流程和关键技术

养殖场采用雨污分离措施，养殖设施全部建设天沟，雨水经天沟收集排出养殖场，阻止雨水与粪污混合，形成粪污内循环、雨水外循环，减少粪水量。固体粪便采用一体化发酵设备生产有机肥；粪水（挤奶车间粪水）经干湿分离后，废水进入污水处理站处理，干粪运至有机肥车间生产有机肥。

1. 粪便加工有机肥，供蔬菜基地使用，实现种养结合

养殖场自建有机肥处理车间1 200 m^2，配套建设畜禽粪便一体化发酵设备1套，提高粪便处理能力。养殖产生的粪便用清粪车每天清理3次，清理的粪便直接运送到粪便一体化发酵设备内，经48 h高温发酵，在堆贮场自然发酵5~7 d生产有机肥。年可生产有机肥3 500 t，其中2 500 t与设施蔬菜基地建立订单销售机制，施

肥季节直接销售给设施蔬菜种植户，剩余1 000 t经晾晒干燥后用作牛床垫料，为奶牛提供干燥舒适的躺卧环境。工艺流程见图2-3-4。

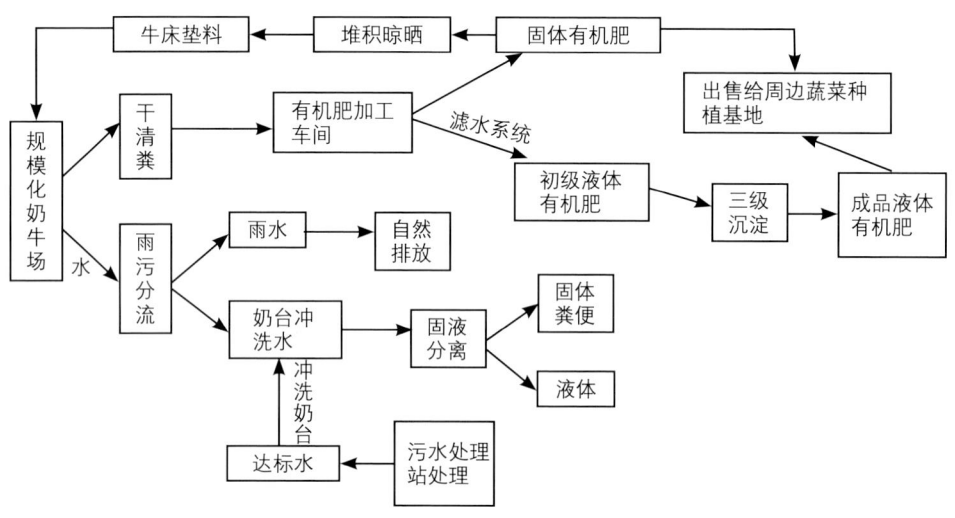

图2-3-4　贺兰县金贵镇五三奶牛场种养结合模式

2.污水源头减量、清洁回用

养殖废水（挤奶车间粪水）主要采用干湿分离后深度处理，返回挤奶车间再利用，形成源头减量、清洁回用模式。配套建设污水处理车间，日处理能力80 m^3，挤奶车间冲洗粪水、生活污水通过暗管输送到污水处理车间集水池内，利用固液分离机进行干湿分离，分离后的粪渣运送到有机肥加工车间处理，废水通过曝气、混凝、HABR复合式厌氧折流板反应器处理、好氧处理、曝气、MBR膜深度处理、消毒杀菌等复杂工艺处理，处理后出水口水质达到《城镇污水处理厂污染物排放标准》（GB 18918—2002）一级B标准（化学需氧量11 mg/L，氨氮0.59 mg/L，粪大肠菌群数100 MPN/L），回冲挤奶车间，建立了减量化产生及清洁回用的废水循环利用模式。

（三）运行机制

1.投资和成本分析

（1）投资　粪污处理设施设备总投资320.9万元，其中，污水处理设备投资145万元、有机肥生产一体机投资86.3万元、清粪车投资10万元、基础设施建设投资79.6万元。

（2）运行成本

①污水处理运行成本。主要包括电费、人工、维修和药剂费用。固定资产投入按10年折旧，残值率10%，每年折旧成本14.5万元，设备用电2万元/a，人工成本3.6万元/a，维修费用1万元/a，加药费用2万元/a。水处理成本为15.8元/t，年处理污水量1.46万t，年运行成本23.1万元。

②粪便处理运行成本。主要包括电费、人工、维修费用。固定资产投入按10年折旧，残值率10%，每年折旧成本17.6万元，设备用电12万元/a，人工成本3.6万元/a，维修费用3万元/a，粪便处理成本为48.3元/t，年处理粪便量7 500 t，年运行成本36.2万元。

2. 建立种养主体产销衔接机制

养殖场（有机肥加工）与蔬菜种植专业合作社（贺兰县金贵镇银河村瓜菜产销专业合作社）建立产销衔接机制。依托"果菜茶有机肥替代化肥试点项目"，养殖场就近与金贵镇银河村、保南村、银光村设施蔬菜种植基地签订有机肥销售订单，养殖场负责将粪污生产为符合要求的有机肥，蔬菜基地负责消纳养殖场生产的有机肥，实现种养结合、循环发展。

（四）效益分析

1. 社会效益

有机肥订单销售涉及设施蔬菜种植户600余户，优质有机肥还田利用，可以减少化肥使用量、改善土壤结构、培肥地力，提高蔬菜品质，保障消费者的健康。

2. 经济效益

年订单销售有机肥2 500 t，每吨有机肥价格约416元，年销售收入104万元，年粪便成本22.5万元，年粪污处理运行总成本59.3万元，年纯利润22.2万元。

3. 生态效益

通过奶牛场设施设备标准化改造提升，粪便污水深度处理，种养一体化循环再利用等建设，极大地减少了奶牛养殖对环境的污染，粪污深加工还田后，提高土壤有机质含量，有效的改善农田土壤结构，为生产优质农产品创造条件。

实现奶牛养殖废弃物的减量化、资源化、无害化利用，有效维护生态环境安全。污水经处理后回冲挤奶台，不仅杜绝了污水外排，减少了养殖场对周边环境的影响，同时通过水的循环利用，每天大约节约用水40 t，对建立有效的生态循环农业模式具有重要意义。

（五）自我评价

优点：该模式粪水经深度处理后回用挤奶车间，可有效减少奶牛养殖场污水产生量，降低环境承载压力；粪污无害化处理周期短，占地面积较小；生产的有机肥用于绿色优质果蔬生产，实现种养结合，同时增加养殖收入；部分加工后的粪肥可替代卧床垫料，降低了养殖场购买卧床垫料的成本。

不足：设备和厂房一次性资金投入较大，后期运行和维护费用也较高。

第三节　清洁回用典型模式

一、宁夏农垦贺兰山奶业有限公司平吉堡奶牛三场粪污资源化利用模式

（一）基本情况

宁夏农垦贺兰山奶业有限公司平吉堡奶牛三场位于银川市西夏区平吉堡农场六队，全场总占地面积180亩。牧场建成敞开式母牛舍6栋，采用散栏饲养方式，配套粪污处理设备8台（套）。2018年年末奶牛存栏1 147头，年产鲜奶7 960 t，其中成年母牛存栏624头，年头均产奶量达到11.4 t。年生产粪便48 594 t，其中固体粪污6 667 t、年液体粪污41 927 t。配套消纳土地3 000亩，奶牛固体粪污采用干清粪方式收集、堆肥发酵后还田利用，液体粪污经厌氧发酵处理后形成沼液还田。

（二）粪污收集、处理、利用关键技术模式与流程

1. 关键技术模式

（1）沼气生产模式　牧场建成1 000 m³厌氧发酵设施，每天生产沼气800 m³以上，主要用于本场沼气设备供暖及日常供电。沼气发酵设施地上部分采用高性能保温板双层保温，并加厚取暖板，内部盘绕保温管连接电加热系统，

保证冬天能够达到正常产气所需温度，有效解决了宁夏地区冬季沼气设施不易正常运行的难题。

（2）种养结合技术模式　牧场产生的液体粪污经厌氧发酵处理后，混合物先进行干湿分离，沼液排入氧化塘贮存。在农田需肥和灌溉期间，沼液与灌溉用水按照适宜的比例混合，就近施入自有土地或流转土地。固体沼渣进行堆肥发酵就近肥料化利用。

3. 挤奶台污水达标利用模式

牧场建成运行日处理30 m³污水的处理设施1套，挤奶台污水采用"固液分离—厌氧发酵—好氧曝气—絮凝沉淀"微生物技术处理过后，达到排放标准，循环用于冲洗挤奶台。经过3年连续运行证明，微生物处理技术成本低、效率高、工艺操作简便且无二次污染，非常适合持续产生污水又无足够消纳土地的牛场。

2. 关键工艺流程（图2-3-5）

（三）运行机制

1. 种养主体利益联结机制

公司与种植基地签订了沼渣沼液等生物有机肥无偿还田利用长期协议。苜蓿和青贮玉米种植基地施用有机肥后，有效减少了化肥使用量，还改良了土壤。牧场使用优质饲草后，奶牛产奶量增加、牛奶品质明显提高，达到了节本提质增效的目标。通过种养紧密结合，形成了农牧业经营主体互惠互利、资源循环利用的绿色发展模式。

2. 第三方检测运行机制

公司与宁夏中科精科检测技术有限公司合作，对经过本系统处理的水样定期检测。结果表明，经过微生物技术处理后，各项检测指标较未处理前大幅下降，并全部达到安全排放标准，见表2-3-1。

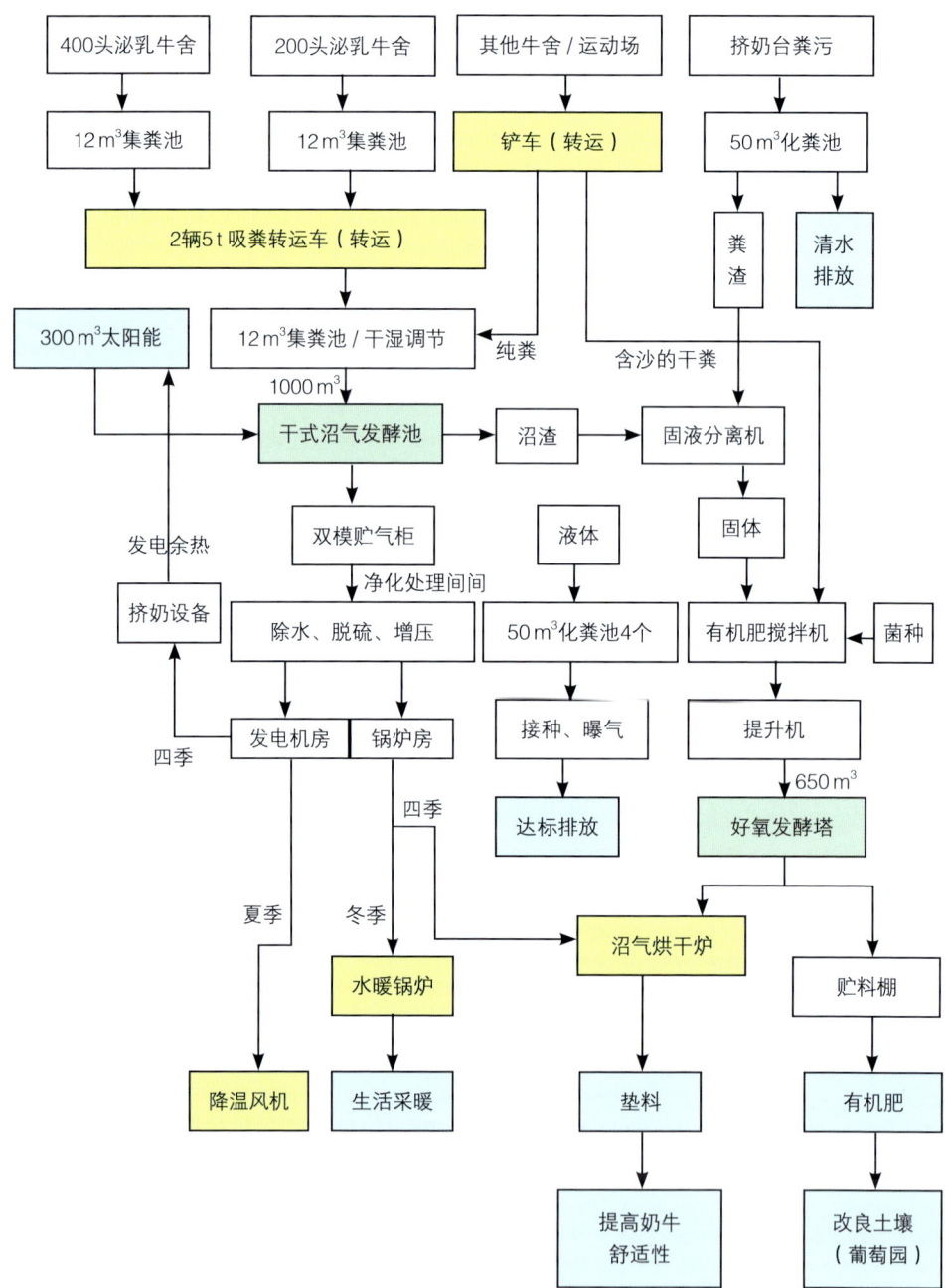

图2-3-5 沼气发酵工艺

表 2-3-1　污水检测结果

单位：mg/L

指标	COD_{CR}	BOD_5	SS	NH_3-N	总氮	总磷
原污水	1318	486	200	480	73.8	37.9
处理后污水	248	43	1	15.38	25.2	1.55
标准	≤ 400	≤ 150	≤ 200	≤ 80	—	≤ 8

（四）效益分析

通过建立粪污资源化种养结合模式，有效提升了牧场的经济效益和生态效益。

1. 经济效益

实现冬季沼气的正常生产并在场区内取暖供电，有效降低了沼气罐的供热成本、场区冬季的取暖成本、节省了场区日常供电的生活开支，每年可节约成本23万元。

2. 生态效益

利用沼渣生产的有机肥，全部施入玉米地，不仅提高了玉米产量，降低了种植成本，同时实现了沼渣的生态利用。农田施用液体生物菌肥后，玉米和苜蓿茎秆粗壮、籽粒饱满，减少了化肥施用量。利用微生物处理技术，有效地实现了污水的达标排放，防止了环境污染。

（五）自我评价

1. 亮点

（1）物料形态不受限制，可以直接将粪尿混合物抽入发酵罐。全粪浓度（TS）浓度为40%～50%，无须处理，即可入罐发酵。

（2）工艺设计科学合理，考虑到死角排料困难的可能性，发酵罐体底部设计成圆弧状，并安装了搅拌泵，解决了排料困难的问题。

（3）解决了宁夏地区冬季沼气不能正常运行的难题。外部选用质地好保温强的保温板，加厚取暖板，内部盘绕保温管连接电加热系统，保证在冬天能正常生产纯度较高的沼气。

（4）通过驯化有机活菌，好氧培养，将沼液制成有机、营养的液体有机肥。

（5）利用臭氧灭菌设备实现污水初步全方位灭菌，为后续专用菌种处理做预处理。

（6）采用微生物絮凝剂进行污染物质的沉淀净化，安全无毒、不产生二次污染。

2. 不足之处与改进措施

沼气发酵系统前期投入成本较大，运行期间，须安排专人运行维护，增加了部分人工成本。今后，计划在沼气生产、运行管理等环节中融入物联网技术，实现沼气设备自动化控制、智能化管理，将实时数据信息转化、传输至后台服务器，用户可通过电脑或手机远程监控现场情况，查看运行参数和统计报表，并对运行状态进行控制和管理，有效提高生产效率，降低管理人员工作强度，提高沼气工程现代化水平。

第四节　集中处理典型案例

一、宁夏丰享农业科技有限责任公司集中处理

（一）基本情况

宁夏丰享农业科技有限责任公司成立于2018年，位于利通区五里坡奶牛生态养殖基地二期，占地面积465.75亩，注册资金5 000万元，公司利用养殖基地的便利条件，五里坡周边收集牛粪、羊粪，主要从事有机肥，生物有机肥的研发、产业化生产、规模化生产。

农牧业废弃物资源化综合利用项目，充分利用农牧业试生产废弃物，使其变废为宝，将养殖业、种植业等农业生产和经济发展、环境保护有机"链"在一起，解决了周边扶贫村的剩余劳动力，做到了精准扶贫，带动了农民发展绿色经济产业，社会、环境、经济效益显著，形成了独特的产业竞争优势。同时在推进碳减排方面具有显著作用，可有效减少秸秆焚烧或粪便堆沤污染、减少化肥农药用量、增加粮食产量等多重碳减排效应，尤其对中国这样一个农业大

国而言意义十分重大。

一期项目计划投资6 500万元，现已投资2 300万元；二期项目计划投资6 300万元，新建年产10万t生物有机秸秆饲料厂。本方案规划建设期为两年，分两期完成。一期工程设计年产5万t，投资概算2 100万元；二期工程年达产10万t，总投资预算4 200万元，共计投资1.28亿元。公司取得有机肥料、生物机肥、复合生物肥料证书6个，已取得三A级投标企业信用诚信经营示范单位、重合同守信用单位、质量服务诚信单位等级证书等，办证共投资200多万元。

公司先后与利通区农业技术推广服务中心、同心县农业农村局及各大学院校合作，在蔬菜水果试验基地积极进行肥料试验，该项目建成后利用作物秸秆禽畜粪污等农业废弃物，采用新型无害化处理和生物处理技术，应用连续发酵处理工艺，年可处理作物秸秆8万t、禽畜粪便22万t，年处理牛尿液量200万m^3、生产有机肥30万t、液态肥10万t。解决了周边养殖基地养殖场（户）的牛粪污染问题，使牛粪变废为宝，是绿色环保最佳的有机肥。

（二）运营机制

1. 运营模式

该项目由宁夏丰享农业科技发展有限责任公司组建生产管理部门负责项目日常的生产工作，专设投标项目组，在"中国政府采购网"和"宁夏回族自治区公共资源交易网"进行投标，先后在红寺堡、同心中标，并设立有机肥销售部门负责产品有机肥的销售，对接农资经销商或大的农业合作社。2019年签订有机肥合同9万t，其中青海4万t，已交货3万t；新疆5万t，已交货1万t。

其中原料羊粪来自盐池周边，腐殖酸来自内蒙古，牛粪来自周边养殖场（户），与周边养殖场（户）达成买卖协议，以每300 t进行结算，公司组织社会车辆将牛粪运输至场内。

2. 盈利模式

企业有机肥销售收入已达到1 000万元，正常年可实现净利润260万元。

（三）技术模式

1. 有机肥生产工艺概述及工艺流程

原料运到厂房经过称重后倒入发酵槽，经翻堆机翻抛陈化处理一个月，然后粉碎搅拌，过筛后进行检验，检验合格后再分筛称量进行包装，工艺流程图见图2-3-6。

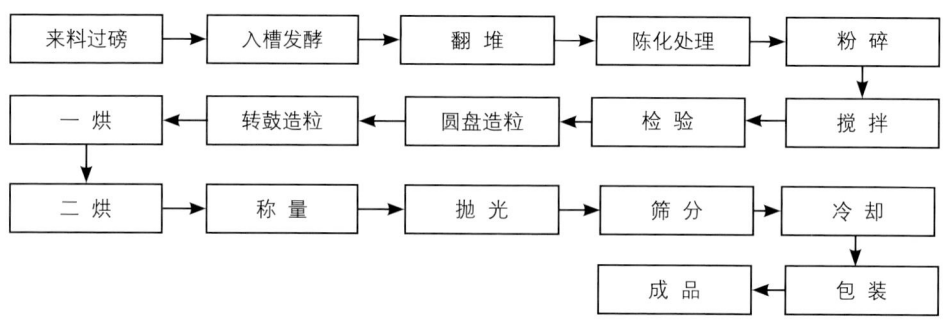

图2-3-6 粉状有机肥生产工艺流程简图

2．收集模式

一方面由养殖场（户）将牛羊粪送到宁夏丰享农业科技发展有限责任公司的原料堆积厂区，另一方面公司安排自有车辆拉运养殖场（户）的牛羊粪污。

（四）经济效益和社会效益

公司充分利用农牧业生产废弃物，使其变废为宝，将养殖业、种植业等农业生产和经济发展、环境保护有机"链"在一起，经济、社会效益显著。将农作物秸秆饲料利用和畜禽粪便发酵资源化、产业化、商品化，不仅可以缓解生物质能源和化肥资源的短缺，提升地力，改善农作物的品质和提高产量，还可以实现清洁生产和农业资源的循环利用，推动生态农业建设的健康发展，项目达产后，年可转化农作物秸秆20万t、畜禽粪便200万m^3。年产值可达到3亿元，实现利税4 000万元，解决劳动力150人，带动周边农民共同发展致富，为乡村振兴发展贡献一份力量。

二、泾源县瑞生源农牧科技发展有限公司

（一）基本情况

1. 区域概况

泾源县大湾乡在宁夏六盘山东侧，距离县城41 km，海拔2 416 m。南接六盘山镇，东接彭阳县新集乡古城镇，西接隆德县大庄村，北接固原市原州区开城镇。分为13个自然村，总人口1.7万。青贮玉米种植面积8 000亩左右，多年生禾本科牧草种植面积2万亩左右。大湾乡属于国家农业科技园区固原肉牛产业示范区"泾源黄牛"重要养殖区域之一，肉牛存栏量8 213头、肉羊存栏量7 013头、猪存栏量2 101头、家禽7 138只，300~500头肉牛规模养殖场7家。草畜产业占整体产业的80%左右。

2. 依托主体

泾源县瑞生源农牧科技发展有限公司位于泾源县肉牛养殖示范区——大湾乡武坪村，成立于2012年，注册资本500万元，占地面积60亩，公司业务主要以肉牛养殖、农业废弃物资源化利用生产有机肥料、饲草料加工经营为主，年销售收入1 100万元以上。

企业现有管理人员12人，技术研发人员5人，聘请国家微生物肥料推广中心、西北农林科技大学资源环境学院等专家进行技术指导，生产的有机肥系列产品已通过宁夏农业农村厅认证登记。2014年被固原市委评为"草畜产业先进集体"，2015年被宁夏科协评为"自治区级科普示范基地"，2015年被评为"自治区级专业示范合作社"，2016年被固原市人民政府评为"市级农业产业化龙头企业"。2018年被泾源县政府评为"优秀扶贫车间"，被市科技局评为"科技型企业"。为当地建档立卡户提供就业岗位26个，并被自治区扶贫办授予"先进扶贫车间"。该项目模式已在泾源县各乡镇进行推广复制。

3. 处理规模

有机肥项目已经于2018年6月完成一期投资660万元，建成钢结构生产车间1 200 m²、成品库房1 000 m²、质量检测化验室150 m²、办公室200 m²、原料陈化

拱形大棚1 000 m²、辅料库房800 m²，改造发酵池1 600 m³，购置年产2万 t 有机肥生产线一条，翻堆机、多槽翻抛机、铲车、粪污回收车辆等设备，购置有机肥料常规检测试验仪器。

2018年年底共收购处理周边养殖户牛粪8 600 t，农作物废弃秸秆等原料800 t，生产商品有机肥料2 800余 t。

2019年上半年共收购周边养殖户及规模养殖场牛粪18 000 t，收购农作物秸秆等原料1 300 t，收购当地企业加工木屑300 t。完成有机肥料生产7 500 t，完成销售收入430万元。原料收购覆盖大湾乡及六盘山镇养殖农户及规模养殖场，与宁夏清苑农牧公司、大湾乡何碉堡村肉牛合作社、泾源县萧关牧业公司等公司签订了粪污处理合同，辐射到周边3个乡镇，与30多个中小规模养牛场户建立了粪污收集处理合作关系。

（二）运营机制

1. 运营模式

项目在大湾乡13个村及半径10 km辐射范围内。政府购买服务依托乡村环卫人员组成社会化服务队，专业技术人员操作，对畜牧养殖废弃物进行有序回收；配备15 m³专用废弃物压缩回收车辆2台、10 m³沼液回收专用车辆1台；定期定时对周边养殖场和各村养殖产生的粪污及其他农业废弃物进行有偿回收，进行资源化再利用加工有机肥；操作流程按照定期上门培训指导喷洒除臭菌剂预处理，规范降低二次污染，政府给予企业污染处理费每吨50元补贴。

2018年利用县财政资金在企业原有有机肥生产条件基础上新建了一座1 000 m²的有机肥加工"扶贫车间"。采取市场化运作的模式，由企业对建成的扶贫车间进行租赁经营，加工有机肥，每年向村集体支付5万元承包金，增加村集体收入，保证村集体长期受益，破解了村集体经济"空壳"难题。"扶贫车间"的运营，通过牛粪的收购、加工生产等程序，吸纳农村贫困群众就业人员。较好解决了农村进城就业难、企业招工难的"两难"问题，实现脱贫致富，满足了贫困户顾家、就业、务农"三不误"。

二期计划投资700万元，建成阳光节能大跨度连续发酵槽式车间2 000 m²，购置引进先进的发酵设备和高效环保的工艺技术，主要解决阴雨天多，气温偏低，原料发酵周期长，提高生产效率。

该项目终期完成年预计可处理牛粪和农业废弃物5万t左右，年生产有机肥料2万t左右，年产值可达1 500万元左右。牛粪回收可覆盖周边三个乡镇规模养殖场和散养大户，能有效解决畜牧养殖的环境污染问题，使资源有效利用，变废为宝。

2. 盈利模式

畜禽污粪、农林秸秆树枝等固体废弃物料回收发酵处理生产有机肥料，沼液回收利用生产液态肥，销售收入可达1 500万元，年可获利300万元左右。企业利用饲草料储备开展"以草换草、以粪换草、以粪换肥、草肥换工"多种灵活经营模式。方便群众，降低了企业运营成本。

（三）技术模式

1. 模式流程

原料生物预处理间 ⟶ 专业人员专用设备定期回收 ⟶ 以粪污、秸秆、枝叶等生物原料按照比例混 ⟶ 生物菌种好氧发酵 ⟶ 二次发酵腐熟陈化 ⟶ 粉碎筛分 ⟶ 包装

2. 收运模式

依托乡村环卫人员组成社会化服务队，对畜牧养殖废弃物进行有序回收，配备粪污专用回收车辆定期定时对周边养殖场和各村养殖产生的粪污及其他农业废弃物进行有偿回收。回收价根据路途远近和含水率具体定价，每立方价格40~70元。

3. 处理技术

采用槽式堆肥发酵技术。建成阳光节能大跨度连续发酵槽式车间，利用阳光辅助升温、移位式翻抛发酵技术应用大大降低了投入，提高了生产效率，缩短了发酵时间。

4. 利用模式

通过集中收集规模养殖场产生的牛粪，生产的产品主要是粉状和颗粒状有机肥。外销用于设施蔬菜和经济作物种植。粉状有机肥每吨成本550元，销售价格680元；颗粒有机肥每吨成本700元，销售价格900元。

（四）效益分析

1. 经济效益

根据确定的产品方案和建设规模及预测的产品价格，达到预期产能年均销售收入1 500万元，收益率为20%，投资回收期4.5年。养殖污粪有偿回收利用，可为养殖户每头肉牛增收150~200元。养殖户户均按照5头牛计算，可增收700元左右。

2. 社会效益

畜禽粪污集中处理厂将区域内的养殖废弃物进行收集和处理，实现资源化生态利用，解决了养殖企业环境污染，无害化处理投入成本高等问题。

公司对建成的扶贫车间进行租赁使用。每年向村集体支付5万元承包金，增加村集体收入，保证村集体长期受益，破解了村集体经济"空壳"难题。就地吸纳带动贫困群众就业36人，其中建档立卡劳动力就业27人，占用工人数的81%，较好解决了农村进城就业难、企业招工难的"两难"问题。贫困劳动力每月在家门口就有1 500元以上的收入，增加了工资性收入，实现脱贫致富，满足了贫困户顾家、就业、务农"三不误"。

3. 生态效益

探索出了美丽乡村建设与养殖固体废处理模式。减少废弃物污染，同时有利于发展循环经济，可增加有机肥料2万t，减少化肥使用量20%。建设资源节约型、环境友好型社会，对促进区域循环经济的可持续发展也具有积极作用。

第五节　规模下养殖户粪污处理典型案例

一、西吉县"牛粪银行"典型案例

（一）基本情况

西吉县"牛粪银行"，依托宁夏源龙现代农业服务有限公司在西吉县兴隆镇川口村建设有机肥厂，采用"村企合作"的模式，分别在陈田玉村、川口村、小段村等肉牛养殖集中区域建设牛粪集中收贮点，收集周边肉牛散养户牛粪，经过发酵的初级有机肥统一运送到有机肥加工中心生产有机肥，生产的有机肥主要施用于西吉县蔬菜、马铃薯、玉米、秋杂粮等作物，形成了有机肥加工中心＋集中收贮点的"1+X"运行机制。

（二）实施地点

宁夏西吉县陈田玉村、川口村、小段村及其周边10 km范围2 000多户肉牛养殖户。

（三）工艺流程（图2-3-7）

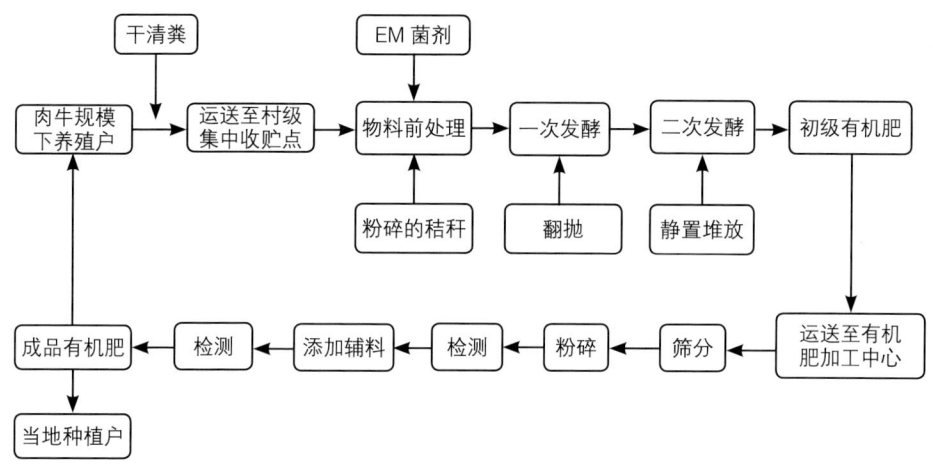

图2-3-7　工艺流程

1. 流程介绍

养殖集中区肉牛养殖户养殖产生的牛粪运送至村集中收贮点，通过条垛式堆肥发酵产生初级有机肥，初级有机肥运送至有机肥加工中心，经筛分、粉碎、检测、添加辅料等制作成有机肥销售给当地种植户（图2-3-8）。

2. 运行机制

采用"村企合作"运营模式，村集体帮助企业流转土地建设堆粪场，注入村集体经济发展资金，运营过程中协助企业收集、运送牛粪。企业按照年注资额的12.5%给村集体分红，或者按照村集体收集运送牛粪量进行分红，每收集运送1 t牛粪分红5元，形成利益捆绑，有效带动村集体经济发展壮大。企业设立"牛粪银行"，周边10 km范围内养殖户可以用鲜牛粪到"牛粪银行"进行交易,可兑换处理好的肥料,也可兑换现金,兑换标准为有机肥厂按照10 t牛粪兑换7 t有机肥的比例,对不需要肥料的,按每吨牛粪40元的价格收购。通过"牛粪银行"运营模式,将银行先进管理方法用到有机肥加工中,巧妙解决了企业资金、原料短缺问题,又解决了农村牛粪无处堆放、乱堆乱放的污染问题,一举两得。

(四)技术要点

图2-3-8 村级粪污收贮点

1. 收集

养殖户将产生的牛粪人工清理在牛棚一端,待存满一车,就近拉运至陈田玉村、川口村、小段村等村级集中收贮点拉运距离不超过2 km。

2. 贮存

宁夏源龙现代农业服务有限公司在西吉县陈田玉村、川口村、小段村等肉牛养殖集中区分别建设牛粪集中收贮点,收贮点堆粪棚面积1 200 m²以上,收集养殖集中区域养殖户养殖产生的牛粪,收集范围辐射周边养殖户2 000余户,年收集牛粪约5万 t。

3. 处理

在集中收贮点,将80%牛粪和20%粉碎秸秆混合均匀,按照8 m³物料接种1 kg EM菌剂,条垛式堆肥,底宽1.5~2.5 m,高度1.0~1.5 m,2~3 d用翻抛机翻堆一次,当温度超过70℃时增加翻堆,好氧发酵15 d。好氧发酵结束后,将物料堆在一起形成大堆进行二次发酵,约30 d,堆体温度接近环境温度时完成发酵形成初级有机肥。将发酵的初级有机肥转运至有机肥加工中心,用0.8目筛进行筛分,粉碎后进行成分检测,如氮、磷、有机质等含量不足,相应添加硫酸铵、过磷酸钙、腐殖酸等,搅拌均匀后再次进行检测,检测指标达到《有机

肥料》（NY/T525—2021）标准进行装袋销售。（图2-3-9）

4.利用

宁夏源龙现代农业服务有限公司生产的有机肥一部分以"牛粪银行"换购模式返回给养殖户，剩余部分按市场价格销售给种植户，主要用于果蔬基地种植马铃薯、设施蔬菜、饲用玉米等作物。（图2-3-10）

图2-3-9 粪便处理

图2-3-10 有机肥还田利用

（五）投资概算及资金筹措

（1）设施设备总投资787.5万元，其中，自筹资金607.5万元、政府补贴180万元。堆粪棚及有机肥加工车间7 700 m^2，500.5万元；厂区硬化5 000 m^2，100万元；有机肥生产线1条，47万元；翻抛机2台，12万元；铲车1台，10万元；撒肥车3台，12万元；土地流转费72万元，办公室及辅助设施34万元。

（2）运行费用472万元，其中，常年用工19人，工资57万元；设备维护费10万元；年采购畜禽粪污、农作物秸秆、发酵菌剂等400万元；有机肥检测费5万元。

（六）取得成效

1. 经济效益

有机肥加工企业生产的有机肥每吨售价500元，年产值达3 500万元，企业纯收入200多万元。可带动养殖10头牛的养殖户增收6 000元以上。

2. 社会效益

牛粪集中收集点可吸纳35人就业，当地老百姓可以在家门口就近就业，告别以前外出务工两头跑；现在既能照顾家里老人孩子，又能参与农业生产，还能有偿务工，一举三得。

3. 生态效益

有机肥规模化生产能有效缓解家畜粪污造成的面源污染问题。西吉县通过"牛粪银行"，探索出"禽畜粪污 + 作物秸秆 + 有机生活垃圾处理" = "生物农家有机肥 + 土壤改良 + 农村人居环境改善"的生态环保新模式，生产的牛肉属于无公害产品，产值高，效益好，蹚出了一条发展现代生态循环农业、改善农村人居环境的新路子。

二、宁夏灵武市滩羊饲喂长枣过腹还田典型案例

（一）基本情况

宁夏灵武市滩羊饲喂长枣（非商品枣）过腹还田典型案例，滩羊养殖散户利用长枣饲喂羊只，养殖过程中产生的羊粪经由第三方社会化服务组织收集并

出售给宁夏银湖农林牧开发有限公司生产有机肥，有机肥施于周边灵武长枣种植园、苹果园、设施园艺及优质饲草基地，形成了区域性农牧循环的高质量发展格局。

（二）实例地点

灵武市郝家桥镇狼皮子梁村30 km范围内。

（三）工艺流程

1. 流程介绍

有机肥厂通过社会化服务组织收集养殖散户滩羊粪，加入除臭剂、发酵剂及粉碎后的废弃枝条、秸秆，定期翻堆使粪便充分发酵腐熟，最后通过粉碎过筛、配料搅拌、造粒冷却、过筛分级等加工步骤生产稳定、合格的粉状有机肥及颗粒有机肥，用于枣园、果林、牧草田间施用，收获后的长枣用于滩羊饲喂

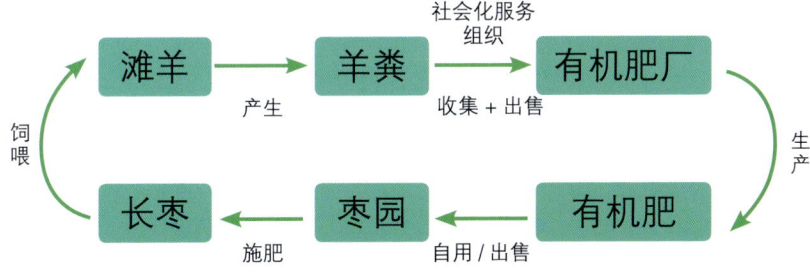

图2-3-11 滩羊饲喂长枣过腹还田示意图

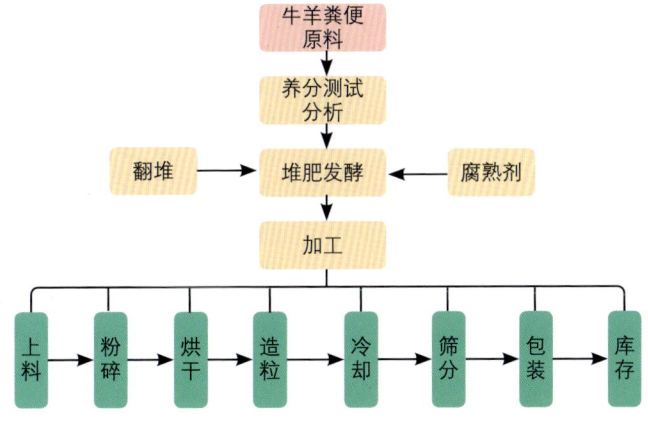

图2-3-12 有机肥生产工艺流程图

（图2-3-11、图2-3-12）。

2.运行机制

灵武市6家社会化服务组织以130元/m³的价格上门挨户收集狼皮子梁村30 km范围内120家养殖散户滩羊羊粪，以140元/m³的价格出售给有机肥厂，有机肥厂生产的成品有机肥75%用于自有枣园、果林、设施园艺及饲草地，25%成品有机肥以520元/t的价格售于周边种植户。

（四）技术要点

1.收集与贮存

滩羊散养户采用干清粪的方式定期清理圈舍内羊粪，社会化服务组织安排专用粪污运输车（图2-3-13）上门收集，拉运至有机肥厂，堆放于经过硬化防渗的堆粪场。

2.处理

该典型案例依托甘肃生科学院生物研究所"农牧废弃物生物资源利用技术"成果的相关技术和专利功能菌剂。

堆肥发酵：将水分低于85%的羊粪原料加入除臭剂、发酵菌、粉碎废弃枝条、秸秆，控制含水量在50%~70%，投放发酵场地发酵，堆高1~2 m。堆好后，开始测定并记录发酵温度，24~48 h内温度上升至60 ℃左右，保持48 h后根据堆温翻堆。堆温达到50 ℃时，翻堆供氧；堆温升到60 ℃以上后，每2~3 d翻堆一次；堆温达70 ℃以上时必须立即翻堆降温。经多次翻堆，堆温开始下降，不再反弹，一次发酵结束。然后转入陈化池，进入后熟阶段，需10~15 d，不再进行翻堆操作。

生产加工：腐熟后的物料经料斗、输送带传入粉碎机粉碎加工、初级筛分，用电脑自动配料机加入配料，再经混合搅拌机搅拌混合、皮带运输机输送到定量包装机，生产成品粉状有机肥。混合搅拌好的物料经输送带送到圆盘造粒机，加适量水初次成粒后进入滚筒造粒机再次造粒进入烘干机、冷却机、筛分机、

图2-3-13　滩羊粪污运输

包装机，称量包装生产出单袋40 kg的颗粒有机肥（图2-3-14）。

3. 利用

生产的有机肥75%作为底肥通过开沟机施用于周边自有1 000亩枣园、700亩果林、300亩设施园艺及5 000亩饲草地（图2-3-15），25%直接出售给周边种植户。

图2-3-14　粪便处理设施设备

图2-3-15　枣林施肥

（五）投资概算

1. 设施设备投资

厂房、设备总投资727.12万元，其中，自筹资金397.12万元、政府补贴330万元。陈化车间、有机肥加工车间及仓库16 430 m^2，投资605.45万元；颗粒有机肥生产线1条、粉状有机肥生产线1条，生产设备总投资121.67万元，主要设备包括造粒机、烘干机、包膜机、冷却机、电脑自带配料机、粉碎机、自动包装机、除尘设备、槽式翻堆机1套。

2. 运行费用

2021年收购牛、羊粪12万t，生产有机肥6万t，生产运行费用1 555.54万元。其中，常年用工15人，工资45万元；设备维护费11万元，年采购畜禽粪污、农作物秸秆、发酵菌剂等1 484.44万元；专利购买、有机肥研发、检测费15万元。

（六）取得成效

1. 经济效益

每只滩羊长枣年饲喂量约为15 kg，年替减玉米15 kg，减少约15元的饲喂成本；羊只抵抗力强，羔羊成活率高，每只滩羊年节本增效约17元。羊粪出售价格每立方米130元，每只滩羊年羊粪收入合计约61.69元。以年饲养量100只滩羊散户为例，年户均增收约7 869元。有机肥厂2021年收购牛羊粪约12万t，生产有机肥6万t，收入约1 755万元，年利润约199.46万元。有机肥年替代化肥用量约3 000 t，节省购入化肥资金约245万元。

2. 社会效益

有机肥厂吸纳当地25名农民就业，鼓励周边农户有机肥替代化肥施用，丰富乡村经济业态，推动种养结合和产业链再造，助力乡村产业振兴；带动全市畜牧养殖、牧草种植、粪污处理、有机农产品生产等相关产业可持续发展。

3. 生态效益

降低了土壤化肥残留，有效改善土壤结构，培肥地力，为生产优质农产品创造了条件。同时，滩羊粪还田利用实现了粪污的减量化、资源化、无害化利用，实现了区域农牧资源循环，贯彻了全产业链建设、生态友好、种养结合、绿色环保的发展理念，有效维护生态环境安全，推进区域农业绿色转型。

第三篇

畜禽粪污资源化利用管理制度

省级温室气体清单编制指南

一、概述

省级农业温室气体清单包括四个部分：一是稻田甲烷排放，二是农用地氧化亚氮排放，三是动物肠道发酵甲烷排放，四是动物粪便管理甲烷和氧化亚氮排放。

数据获得的途径优先次序：统计部门数据、行业部门数据、文献发表数据、专家咨询数据。

动物肠道发酵甲烷排放由不同动物类型年末存栏量乘以对应甲烷排放因子得到，动物饲养方式分为规模化饲养、农户饲养和放牧饲养，动物肠道发酵甲烷排放因子建议采用当地特性参数计算获得，如果当地无相关实测数据，可以采用本指南推荐排放因子。

动物粪便管理系统甲烷和氧化亚氮排放清单由不同动物类型年末存栏量乘以对应氧化亚氮排放因子得到。其中，动物粪便管理甲烷排放与粪便挥发性固体含量和粪便管理方式所占比例等因素有关，动物粪便管理氧化亚氮排放量与动物粪便氮排泄量和不同粪便管理方式所占比例等因素有关，各种动物排放因子建议采用当地特性参数计算获得。如果当地无相关实测数据，可以采用本指南推荐排放因子。

以下部分对动物肠道发酵甲烷排放与动物粪便管理甲烷和氧化亚氮排放的估算方法分别作简要介绍。

二、动物肠道发酵甲烷排放

1. 排放源界定

动物肠道发酵甲烷（CH_4）排放是指动物在正常的代谢过程中，寄生在动物消化道内的微生物发酵消化道内饲料时产生的甲烷排放，肠道发酵甲烷排放只包括从动物口、鼻和直肠排出体外的甲烷，不包括粪便的甲烷排放。

动物肠道发酵甲烷排放量受动物类别、年龄、体重、采食饲料数量及质量、生长及生产水平的影响，其中采食量和饲料质量是最重要的影响因子。反刍动物瘤胃容积大，寄生的微生物种类多，能分解纤维素，单个动物产生的甲烷排放量大，反刍动物是动物肠道发酵甲烷排放的主要排放源；非反刍动物甲烷排放量小，特别是鸡和鸭因其体重小，所以肠道发酵甲烷排放可以忽略不计。考虑到中国养猪数量较大，占世界存栏量的50%以上，建议包含猪的肠道发酵甲烷排放估算。

2. 清单编制方法

各种动物肠道发酵甲烷排放等于动物的存栏数量乘以适当的排放因子，然后将各种动物的排放量求和得到总排放量。

估算动物肠道发酵甲烷排放，分为以下三步。

步骤1：根据动物特性对动物分群；

步骤2：分别选择或估算家畜肠道发酵的甲烷排放因子，单位为kg/（头·a）；

步骤3：子群的甲烷排放因子乘以子群动物数量，估算子群的甲烷排放量，各子群甲烷排放量相加可得出甲烷排放总量。

某种动物的肠道发酵甲烷排放量，估算如式（1）所示；畜禽总排放量用式（2）计算。

$$E_{CH_4, \text{enteric}, i} = EF_{CH_4, \text{enteric}, i} \times AP \times 10^{-7} \quad (1)$$

式中，$E_{CH_4, \text{enteric}, i}$为第$i$种动物甲烷（$CH_4$）排放量，万t/a；$EF_{CH_4, \text{enteric}, i}$为第$i$种动物的甲烷排放因子，kg/（头·a）；$AP_i$为第$i$种动物的数量，头（只）。

$$E_{CH_4} = \sum E_{CH_4, \text{enteric}, i} \quad (2)$$

式中，E_{CH_4} 为动物肠道发酵甲烷（CH_4）总排放量，万 t/a；$E_{CH_4, enteric, i}$ 为第 i 种动物甲烷排放量，万 t/a。

3.活动水平数据及来源

计算动物肠道发酵甲烷排放需要的活动水平数据见表1。动物存栏量数据可从《中国统计年鉴》《中国农业年鉴》，或者地方统计年鉴获得。规模化饲养、农户饲养和放牧饲养存栏量数据可从《中国畜牧业年鉴》或者各省畜牧部门统计资料获得。

表 1　所需活动水平数据

动物种类	存栏量/万头（只）		
	规模化饲养	农户饲养	放牧饲养
奶牛			
非奶牛			
水牛			—
绵羊			
山羊			
猪			
家禽			
马			
驴/骡			
骆驼			

注：水牛无放牧饲养模式。

4. 排放因子确定方法及需要的数据

各种动物的甲烷排放因子可以根据公式（3）进行计算：

$$EF_{CH_4, enteric, i} = (GE_i \times Y_{m,i} \times 365)/55.65 \quad (3)$$

式中，$EF_{CH_4, enteric, i}$ 为第 i 种动物的甲烷（CH_4）排放因子，kg/（头·a）；GE_i 为摄取的总能，MJ/（头·a）；$Y_{m,i}$ 为甲烷转化率，是饲料中总能转化成甲烷的比例；55.65 为甲烷能量转化因子，MJ/kg。

（1）总能（GE）的确定　如果没有当地特定动物采食总能数据，可以根据采食能量需要公式或 IPCC 推荐的公式进行计算，计算总能需要收集参数包括动物体重、平均日增重、成年体重、采食量、饲料消化率、平均日产奶量、奶脂肪含量、一年中怀孕的母畜百分数、每只羊年产毛量、每日劳动时间等动物特性参数。

（2）甲烷转化率（Y_m）的确定　甲烷转化率取决于动物品种、饲料构成、饲料特性。如果没有当地特定的甲烷转化率，可以选择表2和表3中推荐的甲烷转化率数值进行计算。

表2　奶牛、非奶牛、水牛甲烷转化率（Y_m）

种类	Y_m [b]
育肥牛 [a]	0.04 ± 0.005
其他牛	0.06 ± 0.005
奶母牛（非水牛和水牛）和它们的幼崽	0.06 ± 0.005
主要饲喂低质量作物残余和副产品的其他非牛和水牛	0.07 ± 0.005
放牧牛和水牛	0.06 ± 0.005

注：[a] 饲喂的日粮中90%以上为浓缩料；[b] ±值表示范围；
资料来源：《IPCC 指南》

表3 羊甲烷转化率（Y_m）

类别	日粮消化率小于65%	日粮消化率大于65%
羔羊（小于1岁）	0.06 ± 0.005	0.05 ± 0.005
成年羊	0.07	0.07

注：±值表示范围；资料来源：《IPCC指南》

根据现有数据，计算给出了我国不同动物在不同饲养方式下肠道发酵甲烷排放因子（表4），如果当地无相关实测数据，建议采用表4给出的推荐值。

表4 动物肠道发酵CH_4排放因子

单位：kg/（头·a）

饲养方式	奶牛	非奶牛	水牛	绵羊	山羊	猪	马	驴/骡	骆驼
规模化饲养	88.1	52.9	70.5	8.2	8.9	1	18	10	46
农户散养	89.3	67.9	87.7	8.7	9.4	1	18	10	46
放牧饲养	99.3	85.3	—	7.5	6.7	1	18	10	46

5.动物肠道发酵甲烷排放量计算结果

各种动物肠道发酵甲烷排放量估算的结果由表5列出。

表5 动物肠道发酵排放量计算结果

动物种类	甲烷排放量/万t		
	规模化饲养	农户饲养	放牧饲养
奶牛			
非奶牛			

续表

动物种类	甲烷排放量/万 t		
	规模化饲养	农户饲养	放牧饲养
水牛			—
绵羊			
山羊			
猪			
马			
驴、骡			
骆驼			
动物肠道发酵总计			

注：水牛无放牧饲养模式。

三、动物粪便管理甲烷和氧化亚氮排放

1. 动物粪便管理甲烷排放

（1）排放源界定　动物粪便管理甲烷排放是指在畜禽粪便施入土壤之前动物粪便贮存和处理所产生的甲烷。动物粪便在贮存和处理过程中甲烷的排放因子取决于粪便特性、粪便管理方式、不同粪便管理方式使用比例，以及当地气候条件等。

（2）清单编制方法　各种动物粪便管理甲烷排放清单等于不同动物粪便管理方式下甲烷排放因子乘以动物数量，然后相加可得总排放量。估算畜禽粪便管理甲烷排放主要分四步进行。

步骤1：从畜禽种群特征参数中收集动物数量；

步骤2：根据相关畜禽品种、粪便特性以及粪便管理方式使用率计算或选择合适的排放因子；

步骤3：排放因子乘以畜禽数量即得出该种群粪便甲烷排放的估算值；

步骤4：对所有畜禽种群排放量的估算值求和即为该省排放量。计算特定动物的粪便管理甲烷排放量的公式如式（4）：

$$E_{CH_4, manure, i} = EF_{CH_4, manure, i} \times AP_i 10^{-7} \quad (4)$$

式中，$E_{CH_4, manure, i}$ 为第 i 种动物粪便管理甲烷排放量，万 t/a；$EF_{CH_4, manure, i}$ 为第 i 种动物粪便管理甲烷排放因子，kg/（头·a）；AP_i 为第 i 种动物的数量，头（只）。

（3）活动水平数据及来源　计算动物粪便管理甲烷排放需要的活动水平数据见表6。

表6　动物粪便管理甲烷排放活动水平数据表

动物种类	存栏数/万头（万只）
奶牛	
非奶牛	
水牛	
绵羊	
山羊	
猪	
家禽	
马	
驴、骡	
骆驼	

动物存栏量数据可从《中国统计年鉴》《中国农业年鉴》，或者当地统计年鉴获得。

（4）排放因子确定方法及需要的数据　各种动物粪便管理甲烷排放因子可以根据公式（5）进行计算：

$$EF_{CH_4, manure, ijk} = VS_i \times 365 \times 0.67 \times B_{oi} \times MCF_{jk} \times MS_{ijk} \quad (1.5)$$

式中，$EF_{CH_4, manure, ijk}$ 为动物种类 i、粪便管理方式 j、气候区 k 的甲烷（CH_4）排放因子，kg/a；VS_i 为动物种类 i 每日易挥发固体排泄量，kg/d；0.67 为甲烷的质量体积密度，kg/m³；B_{oi} 为动物种类 i 的粪便的最大甲烷生产能力，m³/kg；MCF_{jk} 为粪便管理方式 j、气候区 k 的甲烷转化系数，%；MS_{ijk} 为动物种类 i、气候区 k、粪便管理方式 j 的所占比例，%。

VS_i 是通过调研获得平均日采食能量和饲料消化率数据并利用 IPCC 提供的公式计算得出；B_{oi} 利用 IPCC 推荐的默认值；MCF_{jk} 通过调研粪便管理方式和各省的年平均温度确定。

① 最大甲烷生产能力（Bo）：粪便最大甲烷生产能力随动物种类和日粮变化有所不同，建议采用 IPCC 清单指南中推荐的默认值（表7）。

表7　不同动物粪便最大甲烷生产能力

动物类型	最大甲烷生产能力		
	规模化养殖	农户散养	放牧
奶牛	0.24	0.13	0.13
非奶牛	0.19	0.10	0.10
水牛	0.10	0.10	—
猪	0.45	0.29	—
山羊	0.18	0.13	0.13
绵羊	0.19	0.13	0.13

② 粪便管理方式构成　动物粪便管理方式一般分为 13 种，包括放牧、每日施肥、固体贮存、自然风干、液体贮存、氧化塘、舍内粪坑贮存、沼气池、燃烧、垫草垫料、堆肥和沤肥、好氧处理，调查获得各省不同动物粪便管理方

式的所占比例。

③ 甲烷转化因子（MCF）：甲烷转化因子定义为某种粪便管理方式的甲烷实际产量占最大甲烷生产能力的比例。

根据现有数据，计算给出了我国不同动物在不同区域下粪便管理甲烷排放因子（表8）。如果当地无相关实测数据，建议采用表8给出的推荐值。

表8 粪便管理甲烷排放因子

单位：kg/（头·a）

区域	奶牛	非奶牛	水牛	绵羊	山羊	猪	家禽	马	驴/骡	骆驼
华北	7.46	2.82	—	0.15	0.17	3.12	0.01	1.09	0.60	1.28
东北	2.23	1.02	—	0.15	0.16	1.12	0.01	1.09	0.60	1.28
华东	8.33	3.31	5.55	0.26	0.28	5.08	0.02	1.64	0.90	1.92
中南	8.45	4.72	8.24	0.34	0.31	5.85	0.02	1.64	0.90	1.92
西南	6.51	3.21	1.53	0.48	0.53	4.18	0.02	1.64	0.90	1.92
西北	5.93	1.86	—	0.28	0.32	1.38	0.01	1.09	0.60	1.28

2.动物粪便管理氧化亚氮排放

（1）排放源的界定　动物粪便管理氧化亚氮排放是指在畜禽粪便施入土壤之前动物粪便贮存和处理过程中所产生的氧化亚氮。动物粪便在贮存和处理过程中氧化亚氮的排放因子取决于不同动物每日排泄的粪便中氮的含量和不同粪便管理方式。

（2）清单编制方法　各种动物粪便管理氧化亚氮排放清单等于不同动物粪便管理方式下氧化亚氮排放因子乘以动物数量，然后相加可得总排放量。估算动物粪便管理氧化亚氮排放，分以下四步进行。

步骤1：从畜禽种群特征参数中收集动物数量；

步骤2：用默认的排放因子，或根据相关畜禽粪便氮排泄量以及不同粪便管理系统所处理的粪便量计算排放因子；

步骤3：排放因子乘以畜禽数量即得出该种群粪便氧化亚氮排放估算值；

步骤4：对所有畜禽种群排放量估算值求和即为本省粪便管理氧化亚氮排放量。

计算特定动物的粪便管理氧化亚氮排放量的公式如式（6）：

$$E_{N_2O, manure, i} = EF_{N_2O, manure, i} \times AP_i 10^{-7} \qquad (6)$$

式中，$E_{N_2O, manure, i}$ 为第 i 种动物粪便管理氧化亚氮排放量，万 t/a；$EF_{N_2O, manure, i}$ 为特定种群粪便管理氧化亚氮排放因子，kg/（头·a）；AP_i 为第 i 种动物的数量，头。

（3）活动水平数据及来源　计算动物粪便管理氧化亚氮排放量所需的活动水平数据与粪便管理甲烷排放活动数据一致，见表6。

（4）排放因子确定方法及需要的数据　各种动物粪便管理氧化亚氮排放因子可以依公式（7）进行计算：

$$EF_{N_2O, manure,} = \sum \{[\sum (AP_i \times Nex_i \times MS_{(i,j)}/100)] \times EF_{3,j}\} \times 44/28 \qquad (7)$$

式中，$EF_{N_2O, manure}$ 为动物粪便管理系统氮排放量，kg/a；AP_i 为动物类型 i 饲养量，头（只）；Nex_i 为动物类型 i 每年氮排泄量，kg/（头·a）；$MS_{(i,j)}$ 为粪便管理系统 j 所处理每一种动物粪便的百分数，%；$EF_{3,j}$ 为动物粪便管理系统 j 的氮排放因子，（千克氮/千克 粪便管理系统 j 中的 N）；j 为粪便管理系统；i 为动物类型。

① 年平均氮的排泄量（Nex_i）　各地区氮排泄量可以采用当地数据，如果不能直接获得氮排泄量数据，可以从农业生产和科学文献或 IPCC 推荐的默认值选择，如表9。

表9　不同动物氮排泄量

单位：kg/（头·a）

动物	非奶牛	奶牛	家禽	羊	猪	其他
氮排泄量	40	60	0.6	12	16	40

② 粪便管理方式构成　畜禽粪便管理氧化亚氮排放所用到的不同粪便管理

方式的结构与粪便管理甲烷排放一致。

表10　粪便管理氧化亚氮排放因子

单位：kg/（头·a）

地区	奶牛	非奶牛	水牛	绵羊	山羊	猪	家禽	马	驴/骡	骆驼
华北	1.846	0.794	—	0.093	0.093	0.227	—	—	—	—
东北	1.096	0.913	—	0.057	0.057	0.266	—	—	—	—
华东	2.065	0.846	0.875	0.113	0.113	0.175	—	—	—	—
中南	1.710	0.805	0.860	0.106	0.106	0.157	0.007	0.330	0.188	0.330
西南	1.884	0.691	1.197	0.064	0.064	0.159	—	—	—	—
西北	1.447	0.545	—	0.074	0.074	0.195	—	—	—	—

根据现有数据，计算给出了我国不同动物在不同区域下粪便管理氧化亚氮排放因子（表10），如果当地无相关实测数据，建议采用表10给出的推荐值。

3. 动物粪便管理温室气体排放量估算结果

各动物粪便管理甲烷和氧化亚氮排放量估算结果由表11列出。

表11　动物粪便管理甲烷和氧化亚氮排放量计算结果

单位：万t

动物种类	甲烷排放量	氧化亚氮排放量
奶牛		
非奶牛		
水牛		
绵羊		
山羊		
猪		
家禽		

续表

动物种类	甲烷排放量	氧化亚氮排放量
马		
驴/骡		
骆驼		
动物粪便管理总计		

畜禽粪污土地承载力测算技术指南（试行）

为贯彻落实《国务院办公厅关于加快推进畜禽养殖废弃物资源化利用的意见》《畜禽规模养殖污染防治条例》，指导各地优化调整畜牧业区域布局，促进农牧结合、种养循环农业发展，加快推进畜禽粪污资源化利用，引导畜牧业绿色发展，制定本指南。

一、适用范围

本指南适用于区域畜禽粪污土地承载力和畜禽规模养殖场粪污消纳配套土地面积的测算。

二、测算依据

（1）国务院办公厅关于加快推进畜禽养殖废弃物资源化利用的意见；
（2）畜禽规模养殖污染防治条例；
（3）畜禽粪便还田技术规范（GB/T 25246—2010）；
（4）畜禽粪便农田利用环境影响评价准则（GB/T 26622—2011）；
（5）畜禽养殖业污染治理工程技术规范（HJ 497—2009）；
（6）其他有关法律法规和技术规范。

三、术语和定义

（一）畜禽粪污土地承载力

是指在土地生态系统可持续运行的条件下，一定区域内耕地、林地和草地等所能承载的最大畜禽存栏量。

（二）畜禽规模养殖场粪污消纳配套土地面积

指畜禽规模养殖场产生的粪污养分全部或部分还田利用所需要的土地面积。

（三）猪当量

指用于衡量畜禽氮（磷）排泄量的度量单位，1头猪为1个猪当量。1个猪当量的氮排泄量为11 kg，磷排泄量为1.65 kg。按存栏量折算：100头猪相当于15头奶牛、30头肉牛、250只羊、2 500只家禽。生猪、奶牛、肉牛固体粪便中氮素占氮排泄总量的50%，磷素占80%；羊、家禽固体粪便中氮（磷）素占100%。

（四）畜禽粪污

指畜禽养殖过程产生粪便、尿液和污水的总称。

（五）畜禽粪肥（简称粪肥）

指以畜禽粪污为主要原料通过无害化处理，充分杀灭病原菌、虫卵和杂草种子后作为肥料还田利用的堆肥、沼渣、沼液、肥水和商品有机肥。

（六）肥水

指畜禽粪污通过氧化塘或多级沉淀等方式无害化处理后，以液态作为肥料利用的粪肥。

四、测算原则

畜禽粪污土地承载力及规模养殖场配套土地面积测算以粪肥氮养分供给和植物氮养分需求为基础进行核算，对于设施蔬菜等作物为主或土壤本底值磷含量较高的特殊区域或农用地，可选择以磷为基础进行测算。畜禽粪肥养分需求量根据土壤肥力、作物类型和产量、粪肥施用比例等确定。畜禽粪肥养分供给量根据畜禽养殖量、粪污养分产生量、粪污收集处理方式等确定。

五、测算方法

(一)区域畜禽粪污土地承载力测算方法

区域畜禽粪污土地承载力等于区域植物粪肥养分需求量除以单位猪当量粪肥养分供给量(以猪当量计)。

1. 区域植物养分需求量

根据区域内各类植物(包括作物、人工牧草、人工林地等)的氮(磷)养分需求量测算,计算方法如下:

区域植物养分需求量 = $\sum$ [每种植物总产量(总面积) × 单位产量(单位面积)养分需求]

不同植物单位产量(单位面积)适宜氮(磷)养分需求量可以通过分析该区域的土壤养分和田间试验获得,无参考数据的可参照附表1确定。

2. 区域植物粪肥养分需求量

根据不同土壤肥力下,区域内植物氮(磷)总养分需求量中需要施肥的比例、粪肥占施肥比例和粪肥当季利用效率测算,计算方法如下:

$$区域植物粪肥养分需求量 = \frac{区域植物养分需求量 \times 施肥供给养分占比 \times 粪肥占施肥比例}{粪肥当季利用率}$$

氮(磷)施肥供给养分占比根据土壤氮(磷)养分确定,土壤不同氮磷养分水平下的施肥占比推荐值见附表2。不同区域的粪肥占施肥比例根据当地实际情况确定;粪肥中氮素当季利用率取值范围推荐值为25%~30%,磷素当季利用率取值范围推荐值为30%~35%,具体根据当地实际情况确定。

3. 单位猪当量粪肥养分供给量

综合考虑畜禽粪污养分在收集、处理和贮存过程中的损失,单位猪当量氮养分供给量为7.0 kg,磷养分供给量为1.2 kg。

(二)规模养殖场配套土地面积测算方法

规模养殖场配套土地面积等于规模养殖场粪肥养分供给量(对外销售部分不计算在内)除以单位土地粪肥养分需求量。

1. 规模养殖场粪肥养分供给量

根据规模养殖场饲养畜禽存栏量、畜禽氮(磷)排泄量、养分留存率测算,计算公式如下:

粪肥养分供给量 = ∑(各种畜禽存栏量 × 各种畜禽氮(磷)排泄量 × 养分留存率

不同畜禽的氮(磷)养分日产生量可以根据实际测定数据获得,无测定数据的可根据猪当量进行测算。固体粪便和污水以沼气工程处理为主的,粪污收集处理过程中氮留存率推荐值为65%(磷留存率65%);固体粪便堆肥、污水氧化塘贮存或厌氧发酵后农田利用为主的,粪污收集处理过程中氮留存率推荐值62%(磷留存率72%)。

2. 单位土地粪肥养分需求量

根据不同土壤肥力下,单位土地养分需求量、施肥比例、粪肥占施肥比例和粪肥当季利用效率测算,计算方法如下:

$$单位土地粪肥养分需求量 = \frac{单位土地养分需求量 \times 施肥供给养分占比 \times 粪肥占施肥比例}{粪肥当季利用率}$$

单位土地养分需求量为规模养殖场单位面积配套土地种植的各类植物在目标产量下的氮(磷)养分需求量之和,各类作物的目标产品可以根据当地平均产量确定,具体参照区域植物养分需求量计算。施肥比例根据土壤中氮(磷)养分确定,土壤不同氮磷养分水平下的施肥比例推荐值见附表2。粪肥占施肥比例根据当地实际情况确定。粪肥中氮素当季利用率推荐值为25%~30%,磷素当季利用率推荐值为30%~35%,具体根据当地实际情况确定。

附表

表 1　不同植物形成 100 kg 产量需要吸收氮磷量推荐值

单位：kg

作物种类		氮 / N	磷 / P
大田作物	小麦	3.00	1.000
	水稻	2.20	0.800
	玉米	2.30	0.300
	谷子	3.80	0.440
	大豆	7.20	0.748
	棉花	11.70	3.040
	马铃薯	0.50	0.088
蔬菜	黄瓜	0.28	0.090
	番茄	0.33	0.100
	青椒	0.51	0.107
	茄子	0.34	0.100
	大白菜	0.15	0.070
	萝卜	0.28	0.057
	大葱	0.19	0.036
	大蒜	0.82	0.146
果树	桃	0.21	0.033
	葡萄	0.74	0.512
	香蕉	0.73	0.216
	苹果	0.30	0.080
	梨	0.47	0.230
	柑桔	0.60	0.110

续表

作物种类		氮/N	磷/P
经济作物	油料	7.19	0.887
	甘蔗	0.18	0.016
	甜菜	0.48	0.062
	烟叶	3.85	0.532
	茶叶	6.40	0.88
人工草地	苜蓿	0.2	0.2
	饲用燕麦	2.5	0.8
人工林地	桉树	3.3 kg/m^3	3.3 kg/m^3
	杨树	2.5 kg/m^3	2.5 kg/m^3

表2 土壤不同氮磷养分水平下施肥供给养分占比推荐值

土壤氮磷养分分级		I	II	III
施肥供给占比		35%	45%	55%
土壤全氮含量/(g·kg^{-1})	旱地（大田作物）	>1.0	0.8~1.0	<0.8
	水田	>1.2	1.0~1.2	<1.0
	菜地	>1.2	1.0~1.2	<1.0
	果园	>1.0	0.8~1.0	<0.8
土壤有效磷含量/(mg·kg^{-1})		>40	20~40	<20

表3 不同植物土地承载力推荐值（一）

（土壤氮养分水平 II，粪肥比例50%，当季利用率25%，以氮为基础）

作物种类		目标产量/($t \cdot hm^{-2}$)	土地承载力/（猪当量·亩$^{-1}$·当季$^{-1}$）	
			粪肥全部就地利用	固体粪便堆肥外供+肥水就地利用
大田作物	小麦	4.5	1.2	2.3
	水稻	6	1.1	2.3
	玉米	6	1.2	2.4
	谷子	4.5	1.5	2.9
	大豆	3	1.9	3.7
	棉花	2.2	2.2	4.4
	马铃薯	20	0.9	1.7
蔬菜	黄瓜	75	1.8	3.6
	番茄	75	2.1	4.2
	青椒	45	2.0	3.9
	茄子	67.5	2.0	3.9
	大白菜	90	1.2	2.3
	萝卜	45	1.1	2.2
	大葱	55	0.9	1.8
	大蒜	26	1.8	3.7
果树	桃	30	0.5	1.1
	葡萄	25	1.6	3.2
	香蕉	60	3.8	7.5
	苹果	30	0.8	1.5
	梨	22.5	0.9	1.8
	柑桔	22.5	1.2	2.3

续表

作物种类		目标产量 / ($t \cdot hm^{-2}$)	土地承载力 / (猪当量·亩$^{-1}$·当季$^{-1}$)	
			粪肥全部 就地利用	固体粪便堆肥外供 + 肥 水就地利用
经济 作物	油料	2.0	1.2	2.5
	甘蔗	90	1.4	2.8
	甜菜	122	5.0	10.0
	烟叶	1.56	0.5	1.0
	茶叶	4.3	2.4	4.7
人工 草地	苜蓿	20	0.3	0.7
	饲用燕麦	4.0	0.9	1.7
人工 林地	桉树	30m^3/hm^2	0.9	1.7
	杨树	20m^3/hm^2	0.4	0.9

表4 不同植物土地承载力推荐值（二）

（土壤磷养分水平 II，粪肥比例50%，当季利用率30%，以磷为基础）

作物种类		目标产量 / ($t \cdot hm^{-2}$)	土地承载力 /（猪当量·亩$^{-1}$·当季$^{-1}$）	
			粪肥全部就地利用	固体粪便堆肥外供 + 肥水就地利用
大田作物	小麦	4.5	1.9	4.7
	水稻	6	2.0	5.0
	玉米	6	0.8	1.9
	谷子	4.5	0.8	2.1
	大豆	3	0.9	2.3
	棉花	2.2	2.8	7.0
	马铃薯	20	0.7	1.8
蔬菜	黄瓜	75	2.8	7.0
	番茄	75	3.1	7.8
	青椒	45	2.0	5.0
	茄子	67.5	2.8	7.0
	大白菜	90	2.6	6.6
	萝卜	45	1.1	2.7
	大葱	55	0.8	2.1
	大蒜	26	1.6	4.0
果树	桃	30	0.4	1.0
	葡萄	25	5.3	13.3
	香蕉	60	5.4	13.5
	苹果	30	1.0	2.5
	梨	22.5	2.2	5.4
	柑橘	22.5	1.0	2.6

续表

作物种类		目标产量 / ($t \cdot hm^{-2}$)	土地承载力 / (猪当量·亩$^{-1}$·当季$^{-1}$)	
			粪肥全部就地利用	固体粪便堆肥外供+肥水就地利用
经济作物	油料	2.0	0.7	1.8
	甘蔗	90	0.6	1.5
	甜菜	122	3.2	7.9
	烟叶	1.56	0.3	0.9
	茶叶	4.3	1.6	3.9
人工草地	苜蓿	20	1.7	4.2
	饲用燕麦	4.0	1.3	3.3
人工林地	桉树	30m³/hm²	4.2	10.4
	杨树	20m³/hm²	2.1	5.2

关于加强畜禽粪污资源化利用计划和台账管理的通知

各市、县（区）农业农村局、生态环境局（分局）：

根据《农业农村部办公厅 生态环境部办公厅关于加强畜禽粪污资源化利用计划和台账管理的通知》（农办牧〔2021〕46号）精神，为进一步提高畜禽粪污资源化利用的规范化、标准化水平，积极推动畜禽粪肥就地就近还田利用，现就加强畜禽养殖场（户）粪污资源化利用计划和台账管理有关事项通知如下。

一、落实主体责任

各市、县（区）生态环境部门、农业农村部门要按照《畜禽规模养殖污染防治条例》第二十二条的规定，督促指导规模养殖场制定年度畜禽粪污资源化利用计划，内容包括养殖品种、规模以及畜禽养殖废弃物的产生、排放和综合利用等情况，于每年1月底前报县级生态环境部门备案，同时抄送农业农村部门。农业农村部门要指导畜禽规模养殖场将畜禽粪污资源化利用情况作为养殖档案的重要内容，建立畜禽粪污资源化利用台账，及时准确记录有关信息，确保畜禽粪污去向可追溯。配套土地面积不足无法就地就近还田的规模养殖场，应委托第三方代为实现粪污资源化利用，并及时准确记录有关信息。鼓励有条件的地区结合地方实际，逐步推行规模以下养殖场（户）畜禽粪污资源化利用计划和台账管理。

二、强化日常管理

各市、县（区）农业农村部门要加强对畜禽养殖场（户）的指导，生态环境部门要加强对畜禽养殖场（户）的监督，把畜禽粪污资源化利用计划和台账作为技术指导、执法监管的重要依据。农业农村部门要加强对畜禽粪肥的质量监测，生态环境部门要按照排污许可证规定，加强畜禽养殖执法监管，规范畜禽养殖污染物排放，依法查处粪肥超量施用污染环境的环境违法行为。养殖场（户）畜禽粪污去向不明的，视为未利用。

三、加强技术指导

各市、县（区）农业农村部门、生态环境部门要结合地方实际，加强宣传和培训，指导养殖场（户）准确理解填报要求和指标含义，并于1月17日前上报联络人员名单（农业农村部门、生态环境部门各1名）至自治区农业农村厅及生态环境厅（邮箱：nxxmj@126.com，nxtrhj@163.com）。农业农村部门要以畜禽粪污就地就近肥料化利用为重点，按照畜禽粪肥还田要求和标准，加强对畜禽养殖场（户）畜禽粪污资源化利用的指导，鼓励采用低成本、低排放、易操作的粪污处理工艺。

四、联系方式

自治区农业农村厅　毛春春
电话：0951-5169827，17695198668
自治区生态环境厅　惠晓舟
电话：0951-5160956，18909515071

附件：1. 畜禽养殖场（户）粪污资源化利用计划（参考模板）
　　　2. 畜禽养殖场（户）粪污资源化利用台账（参考模板）
　　　3. 畜禽粪污资源化利用计划和台账管理联络人员名单

附件1

畜禽养殖场（户）粪污资源化利用计划（参考模板）

（_____ 年度）

名称		养殖代码		排污许可证编号（排污登记编号）		负责人	
						联系方式	

地址	_____省（直辖市、自治区）_____市（州、盟）_____县（市、区、旗）_____乡（镇）_____村

养殖种类	□生猪 □奶牛 □肉牛 □蛋鸡 □肉鸡 □羊 □其他（_____）	设计存栏量	_____头/羽/只	实际存栏量	_____头/羽/只

配套农田	□自有（含土地流转）耕地面积_____亩； □与种植户签订协议的土地面积_____亩。

粪肥[2]年生产量	固体粪肥 _____吨	固体粪肥利用形式	□全部自用还田 □全部外供 □部分自用还田、部分外供	年深度处理[4]量（含达标排放、灌溉用水、场内回用等）	_____立方米
	液体粪肥[3] _____立方米	液体粪肥利用形式	□全部自用还田 □全部外供 □部分自用还田、部分外供		

粪肥就地还田利用计划（自用/部分自用）[5]					
序号	种植种类	粪肥年度计划施用量（吨或立方米）		计划施肥时间	
		固体粪肥	液体粪肥		
1	□水稻 □小麦 □玉米 □蔬菜 □果树（水果） □茶叶 □其他（_____）				

续表

2	□水稻 □小麦 □玉米 □蔬菜 □果树（水果）□茶叶 □其他（ ）					
3	□水稻 □小麦 □玉米 □蔬菜 □果树（水果）□茶叶 □其他（ ）					
4	□水稻 □小麦 □玉米 □蔬菜 □果树（水果）□茶叶 □其他（ ）					
5	□水稻 □小麦 □玉米 □蔬菜 □果树（水果）□茶叶 □其他（ ）					
……	□水稻 □小麦 □玉米 □蔬菜 □果树（水果）□茶叶 □其他（ ）					

粪肥（粪污）委托第三方处理或利用计划

合作对象	类型	合作对象名称	利用形态	年度计划供应量（吨或立方米）	处理能力（吨或立方米）	联系人及联系方式
□有机肥厂	□粪污 □粪肥		□固体 □液体（含粪浆）			
□专业沼气工程企业	□粪污 □粪肥		□固体 □液体（含粪浆）			
□社会化服务组织[7]	□粪污 □粪肥		□固体 □液体（含粪浆）			

续表

合作对象	类型	合作对象名称	种植种类[9]	全年种植面积[6]（亩）	利用形态	年度计划供应量（吨或立方米）	联系人及联系方式
□种植户[8]（企业、合作社、家庭农场、散户等）	□粪污 □粪肥				□固体（含粪浆） □液体		
					□固体（含粪浆） □液体		
					□固体（含粪浆） □液体		
					□固体（含粪浆） □液体		
					□固体（含粪浆） □液体		
					□固体（含粪浆） □液体		
					□固体（含粪浆） □液体		
					□固体（含粪浆） □液体		
					□固体（含粪浆） □液体		
					□固体（含粪浆） □液体		
					□固体（含粪浆） □液体		

备注：1.粪污是指养殖场（户）全年产生的固体、液体粪污，包括粪便、污水、垫料等；2.粪肥是指粪污经发酵腐熟等方式处理后的产品；3.液体粪肥包括发酵腐熟后的粪水、粪浆、沼液等；4.深度处理是指污水经组合工艺深度处理后达到直接排放、农田灌溉或养殖回用的标准；5.该部分是指养殖场（户）产生的土地从事种植业，不包括与种植户（户）签订粪污消纳协议的内容；6.种植面积是指作物实际种植面积，不同地块种植不同作物的按每茬作物的逐一填写，一年多季种植的按每季作物的逐一填写；7.社会化服务组织是指专业从事粪肥运输和施用服务的组织机构；8.种植户是指与养殖场（户）签订粪污消纳协议的或临时施用粪肥的种植户；9.种植种类按照本表中的粪肥计划就近还田利用（自用/部分自用）中的种植种类填写，不同地块种植不同作物的逐一填写。10.规模养殖场或规模以下养殖场（户）每年填写，可自行增页。

附件2

畜禽养殖场（户）粪污资源化利用台账（参考模板）（_____年度）

名称				养殖码		统一社会信用代码	
					粪污利用方信息		
运出时间	粪污利用形态	运出量¹（立方米或吨）	场内储存时间（天）	利用方式	收粪方名称	身份证号码⁴	联系电话	联系人签字
	□固体 □液体			□周边种植户²或社会化服务组织³拉运利用 □委托第三方处理（有机肥厂或沼气工程企业）				
	□固体 □液体			□周边种植户²或社会化服务组织³拉运利用 □委托第三方处理（有机肥厂或沼气工程企业）				
	□固体 □液体			□周边种植户²或社会化服务组织³拉运利用 □委托第三方处理（有机肥厂或沼气工程企业）				
	□固体 □液体			□周边种植户²或社会化服务组织³拉运利用 □委托第三方处理（有机肥厂或沼气工程企业）				
	□固体 □液体			□周边种植户²或社会化服务组织³拉运利用 □委托第三方处理（有机肥厂或沼气工程企业）				
	□固体 □液体			□周边种植户²或社会化服务组织³拉运利用 □委托第三方处理（有机肥厂或沼气工程企业）				
	□固体 □液体			□周边种植户²或社会化服务组织³拉运利用 □委托第三方处理（有机肥厂或沼气工程企业）				
	□固体 □液体			□周边种植户²或社会化服务组织³拉运利用 □委托第三方处理（有机肥厂或沼气工程企业）				

备注：1.运出量的固体部分单位为吨，液体部分（含固液混合）单位为立方米；2.种植户是指与养殖场（户）签订粪污消纳协议的或临时施用粪肥的种植户，含流转土地和自有土地从事种植专业从事粪污堆沤腐熟、贮存发酵、粪肥运输和施用等服务的组织机构；4.身份证号码仅在粪肥提供给种植户时填写，填写利用粪肥的种植户身份证号码，由社会化服务组织利用或委托第三方处理可不填写。5.畜禽粪肥（或粪肥）提供给不同的种植户的，应在表中按顺序逐一填写。6.规模养殖场和规模以下养殖场（户）日常填写，可自行增页。

附件3

　　畜禽养殖场（户）粪污资源化利用计划和台账管理联络人员名单

市、县（区）：

姓名	单位	职务	手机号码	备注

参考文献

[1] 郭海波,徐盛明,林世光,等.规模猪场粪污减量化技术[J].上海畜牧兽医通讯,2010(3):40-41.

[2] 董石敏,刘长春,陶秀萍,等.粪污处理技术百问百答[M].北京:中国农业出版社,2012,6.

[3] 赵万余,巫亮,封元,等.畜禽粪污资源化利用实用技术[M].银川:阳光出版社,2018.

[4] 石有龙,刘长春,杨军香,等.畜禽粪便资源化利用技术——达标排放模式[M].北京:中国农业科学技术出版社,2016.

[5] 石有龙,刘长春,杨军香,等.畜禽粪便资源化利用技术——清洁回用模式[M].北京:中国农业科学技术出版社,2016.

[6] 石有龙,刘长春,杨军香,等.畜禽粪便资源化利用技术——种养结合模式[M].北京:中国农业科学技术出版社,2016.

[7] 吴浩玮,孙小淇,梁博文,等.我国畜禽粪便污染现状及处理与资源化利用分析[J].农业环境科学学报,2020,39(6):1168-1176.

附 录

中华人民共和国国务院令

（第643号）

《畜禽规模养殖污染防治条例》已经2013年10月8日国务院第26次常务会议通过，现予公布，自2014年1月1日起施行。

总理 李克强

2013年11月11日

畜禽规模养殖污染防治条例

第一章 总则

第一条 为了防治畜禽养殖污染，推进畜禽养殖废弃物的综合利用和无害化处理，保护和改善环境，保障公众身体健康，促进畜牧业持续健康发展，制定本条例。

第二条 本条例适用于畜禽养殖场、养殖小区的养殖污染防治。

畜禽养殖场、养殖小区的规模标准根据畜牧业发展状况和畜禽养殖污染防治要求确定。

牧区放牧养殖污染防治，不适用本条例。

第三条 畜禽养殖污染防治，应当统筹考虑保护环境与促进畜牧业发展的需要，坚持预防为主、防治结合的原则，实行统筹规划、合理布局、综合利用、激励引导。

第四条　各级人民政府应当加强对畜禽养殖污染防治工作的组织领导，采取有效措施，加大资金投入，扶持畜禽养殖污染防治以及畜禽养殖废弃物综合利用。

第五条　县级以上人民政府环境保护主管部门负责畜禽养殖污染防治的统一监督管理。

县级以上人民政府农牧主管部门负责畜禽养殖废弃物综合利用的指导和服务。

县级以上人民政府循环经济发展综合管理部门负责畜禽养殖循环经济工作的组织协调。

县级以上人民政府其他有关部门依照本条例规定和各自职责，负责畜禽养殖污染防治相关工作。

乡镇人民政府应当协助有关部门做好本行政区域的畜禽养殖污染防治工作。

第六条　从事畜禽养殖以及畜禽养殖废弃物综合利用和无害化处理活动，应当符合国家有关畜禽养殖污染防治的要求，并依法接受有关主管部门的监督检查。

第七条　国家鼓励和支持畜禽养殖污染防治以及畜禽养殖废弃物综合利用和无害化处理的科学技术研究和装备研发。各级人民政府应当支持先进适用技术的推广，促进畜禽养殖污染防治水平的提高。

第八条　任何单位和个人对违反本条例规定的行为，有权向县级以上人民政府环境保护等有关部门举报。接到举报的部门应当及时调查处理。

对在畜禽养殖污染防治中作出突出贡献的单位和个人，按照国家有关规定给予表彰和奖励。

第二章　预防

第九条　县级以上人民政府农牧主管部门编制畜牧业发展规划，报本级人民政府或者其授权的部门批准实施。畜牧业发展规划应当统筹考虑环境承载能力以及畜禽养殖污染防治要求，合理布局，科学确定畜禽养殖的品种、规模、总量。

第十条 县级以上人民政府环境保护主管部门会同农牧主管部门编制畜禽养殖污染防治规划,报本级人民政府或者其授权的部门批准实施。畜禽养殖污染防治规划应当与畜牧业发展规划相衔接,统筹考虑畜禽养殖生产布局,明确畜禽养殖污染防治目标、任务、重点区域,明确污染治理重点设施建设,以及废弃物综合利用等污染防治措施。

第十一条 禁止在下列区域内建设畜禽养殖场、养殖小区:

(一)饮用水水源保护区,风景名胜区;

(二)自然保护区的核心区和缓冲区;

(三)城镇居民区、文化教育科学研究区等人口集中区域;

(四)法律、法规规定的其他禁止养殖区域。

第十二条 新建、改建、扩建畜禽养殖场、养殖小区,应当符合畜牧业发展规划、畜禽养殖污染防治规划,满足动物防疫条件,并进行环境影响评价。对环境可能造成重大影响的大型畜禽养殖场、养殖小区,应当编制环境影响报告书;其他畜禽养殖场、养殖小区应当填报环境影响登记表。大型畜禽养殖场、养殖小区的管理目录,由国务院环境保护主管部门商国务院农牧主管部门确定。

环境影响评价的重点应当包括:畜禽养殖产生的废弃物种类和数量,废弃物综合利用和无害化处理方案和措施,废弃物的消纳和处理情况以及向环境直接排放的情况,最终可能对水体、土壤等环境和人体健康产生的影响以及控制和减少影响的方案和措施等。

第十三条 畜禽养殖场、养殖小区应当根据养殖规模和污染防治需要,建设相应的畜禽粪便、污水与雨水分流设施,畜禽粪便、污水的贮存设施,粪污厌氧消化和堆沤、有机肥加工、制取沼气、沼渣沼液分离和输送、污水处理、畜禽尸体处理等综合利用和无害化处理设施。已经委托他人对畜禽养殖废弃物代为综合利用和无害化处理的,可以不自行建设综合利用和无害化处理设施。

未建设污染防治配套设施、自行建设的配套设施不合格,或者未委托他人对畜禽养殖废弃物进行综合利用和无害化处理的,畜禽养殖场、养殖小区不得投入生产或者使用。

畜禽养殖场、养殖小区自行建设污染防治配套设施的,应当确保其正常运行。

第十四条　从事畜禽养殖活动，应当采取科学的饲养方式和废弃物处理工艺等有效措施，减少畜禽养殖废弃物的产生量和向环境的排放量。

第三章　综合利用与治理

第十五条　国家鼓励和支持采取粪肥还田、制取沼气、制造有机肥等方法，对畜禽养殖废弃物进行综合利用。

第十六条　国家鼓励和支持采取种植和养殖相结合的方式消纳利用畜禽养殖废弃物，促进畜禽粪便、污水等废弃物就地就近利用。

第十七条　国家鼓励和支持沼气制取、有机肥生产等废弃物综合利用以及沼渣沼液输送和施用、沼气发电等相关配套设施建设。

第十八条　将畜禽粪便、污水、沼渣、沼液等用作肥料的，应当与土地的消纳能力相适应，并采取有效措施，消除可能引起传染病的微生物，防止污染环境和传播疫病。

第十九条　从事畜禽养殖活动和畜禽养殖废弃物处理活动，应当及时对畜禽粪便、畜禽尸体、污水等进行收集、贮存、清运，防止恶臭和畜禽养殖废弃物渗出、泄漏。

第二十条　向环境排放经过处理的畜禽养殖废弃物，应当符合国家和地方规定的污染物排放标准和总量控制指标。畜禽养殖废弃物未经处理，不得直接向环境排放。

第二十一条　染疫畜禽以及染疫畜禽排泄物、染疫畜禽产品、病死或者死因不明的畜禽尸体等病害畜禽养殖废弃物，应当按照有关法律、法规和国务院农牧主管部门的规定，进行深埋、化制、焚烧等无害化处理，不得随意处置。

第二十二条　畜禽养殖场、养殖小区应当定期将畜禽养殖品种、规模以及畜禽养殖废弃物的产生、排放和综合利用等情况，报县级人民政府环境保护主管部门备案。环境保护主管部门应当定期将备案情况抄送同级农牧主管部门。

第二十三条　县级以上人民政府环境保护主管部门应当依据职责对畜禽养殖污染防治情况进行监督检查，并加强对畜禽养殖环境污染的监测。

乡镇人民政府、基层群众自治组织发现畜禽养殖环境污染行为的，应当及时制止和报告。

第二十四条　对污染严重的畜禽养殖密集区域，市、县人民政府应当制定综合整治方案，采取组织建设畜禽养殖废弃物综合利用和无害化处理设施、有计划搬迁或者关闭畜禽养殖场所等措施，对畜禽养殖污染进行治理。

第二十五条　因畜牧业发展规划、土地利用总体规划、城乡规划调整以及划定禁止养殖区域，或者因对污染严重的畜禽养殖密集区域进行综合整治，确需关闭或者搬迁现有畜禽养殖场所，致使畜禽养殖者遭受经济损失的，由县级以上地方人民政府依法予以补偿。

第四章　激励措施

第二十六条　县级以上人民政府应当采取示范奖励等措施，扶持规模化、标准化畜禽养殖，支持畜禽养殖场、养殖小区进行标准化改造和污染防治设施建设与改造，鼓励分散饲养向集约饲养方式转变。

第二十七条　县级以上地方人民政府在组织编制土地利用总体规划过程中，应当统筹安排，将规模化畜禽养殖用地纳入规划，落实养殖用地。

国家鼓励利用废弃地和荒山、荒沟、荒丘、荒滩等未利用地开展规模化、标准化畜禽养殖。

畜禽养殖用地按农用地管理，并按照国家有关规定确定生产设施用地和必要的污染防治等附属设施用地。

第二十八条　建设和改造畜禽养殖污染防治设施，可以按照国家规定申请包括污染治理贷款贴息补助在内的环境保护等相关资金支持。

第二十九条　进行畜禽养殖污染防治，从事利用畜禽养殖废弃物进行有机肥产品生产经营等畜禽养殖废弃物综合利用活动的，享受国家规定的相关税收优惠政策。

第三十条　利用畜禽养殖废弃物生产有机肥产品的，享受国家关于化肥运力安排等支持政策；购买使用有机肥产品的，享受不低于国家关于化肥的使用补贴等优惠政策。

畜禽养殖场、养殖小区的畜禽养殖污染防治设施运行用电执行农业用电价格。

第三十一条 国家鼓励和支持利用畜禽养殖废弃物进行沼气发电,自发自用、多余电量接入电网。电网企业应当依照法律和国家有关规定为沼气发电提供无歧视的电网接入服务,并全额收购其电网覆盖范围内符合并网技术标准的多余电量。

利用畜禽养殖废弃物进行沼气发电的,依法享受国家规定的上网电价优惠政策。利用畜禽养殖废弃物制取沼气或进而制取天然气的,依法享受新能源优惠政策。

第三十二条 地方各级人民政府可以根据本地区实际,对畜禽养殖场、养殖小区支出的建设项目环境影响咨询费用给予补助。

第三十三条 国家鼓励和支持对染疫畜禽、病死或者死因不明畜禽尸体进行集中无害化处理,并按照国家有关规定对处理费用、养殖损失给予适当补助。

第三十四条 畜禽养殖场、养殖小区排放污染物符合国家和地方规定的污染物排放标准和总量控制指标,自愿与环境保护主管部门签订进一步削减污染物排放量协议的,由县级人民政府按照国家有关规定给予奖励,并优先列入县级以上人民政府安排的环境保护和畜禽养殖发展相关财政资金扶持范围。

第三十五条 畜禽养殖户自愿建设综合利用和无害化处理设施、采取措施减少污染物排放的,可以依照本条例规定享受相关激励和扶持政策。

第五章　法律责任

第三十六条 各级人民政府环境保护主管部门、农牧主管部门以及其他有关部门未依照本条例规定履行职责的,对直接负责的主管人员和其他直接责任人员依法给予处分;直接负责的主管人员和其他直接责任人员构成犯罪的,依法追究刑事责任。

第三十七条 违反本条例规定,在禁止养殖区域内建设畜禽养殖场、养殖小区的,由县级以上地方人民政府环境保护主管部门责令停止违法行为;拒不停止违法行为的，处3万元以上10万元以下的罚款，并报县级以上人民政府责令拆除或者关闭。在饮用水水源保护区建设畜禽养殖场、养殖小区的，由县级以上地方人民政府环境保护主管部门责令停止违法行为，处10万元以上50万元以下的罚款，并报经有批准权的人民政府批准，责令拆除或者关闭。

第三十八条　违反本条例规定，畜禽养殖场、养殖小区依法应当进行环境影响评价而未进行的，由有权审批该项目环境影响评价文件的环境保护主管部门责令停止建设，限期补办手续；逾期不补办手续的，处5万元以上20万元以下的罚款。

第三十九条　违反本条例规定，未建设污染防治配套设施或者自行建设的配套设施不合格，也未委托他人对畜禽养殖废弃物进行综合利用和无害化处理，畜禽养殖场、养殖小区即投入生产、使用，或者建设的污染防治配套设施未正常运行的，由县级以上人民政府环境保护主管部门责令停止生产或者使用，可以处10万元以下的罚款。

第四十条　违反本条例规定，有下列行为之一的，由县级以上地方人民政府环境保护主管部门责令停止违法行为，限期采取治理措施消除污染，依照《中华人民共和国水污染防治法》《中华人民共和国固体废物污染环境防治法》的有关规定予以处罚：

（一）将畜禽养殖废弃物用作肥料，超出土地消纳能力，造成环境污染的；

（二）从事畜禽养殖活动或者畜禽养殖废弃物处理活动，未采取有效措施，导致畜禽养殖废弃物渗出、泄漏的。

第四十一条　排放畜禽养殖废弃物不符合国家或者地方规定的污染物排放标准或者总量控制指标，或者未经无害化处理直接向环境排放畜禽养殖废弃物的，由县级以上地方人民政府环境保护主管部门责令限期治理，可以处5万元以下的罚款。县级以上地方人民政府环境保护主管部门作出限期治理决定后，应当会同同级人民政府农牧等有关部门对整改措施的落实情况及时进行核查，并向社会公布核查结果。

第四十二条　未按照规定对染疫畜禽和病害畜禽养殖废弃物进行无害化处理的，由动物卫生监督机构责令无害化处理，所需处理费用由违法行为人承担，可以处3000元以下的罚款。

第六章 附 则

第四十三条 畜禽养殖场、养殖小区的具体规模标准由省级人民政府确定,并报国务院环境保护主管部门和国务院农牧主管部门备案。

第四十四条 本条例自2014年1月1日起施行。

农业部办公厅关于印发《畜禽规模养殖场粪污资源化利用设施建设规范（试行）》的通知

各省、自治区、直辖市畜牧（农业、农牧）局（厅、委、办），新疆生产建设兵团畜牧兽医局：

为落实《国务院办公厅关于加快推进畜禽养殖废弃物资源化利用的意见》要求，指导畜禽规模养殖场科学建设畜禽粪污资源化利用设施，我部制定了《畜禽规模养殖场粪污资源化利用设施建设规范（试行）》。现印发给你们，请参照执行。

农业部办公厅
2018年1月5日

畜禽规模养殖场粪污资源化利用设施建设规范
（试行）

第一条 本规范适用于畜禽规模养殖场粪污资源化利用设施建设的指导和评估。

第二条 畜禽粪污资源化利用是指在畜禽粪污处理过程中，通过生产沼气、堆肥、沤肥、沼肥、肥水、商品有机肥、垫料、基质等方式进行合理利用。

第三条 畜禽规模养殖场粪污资源化利用应坚持农牧结合、种养平衡，按照资源化、减量化、无害化的原则，对源头减量、过程控制和末端利用各环节进行全程管理，提高粪污综合利用率和设施装备配套率。

第四条 畜禽规模养殖场应根据养殖污染防治要求，建设与养殖规模相配套的粪污资源化利用设施设备，并确保正常运行。

第五条 畜禽规模养殖场宜采用干清粪工艺。采用水泡粪工艺的，要控制用水量，减少粪污产生总量。鼓励水冲粪工艺改造为干清粪或水泡粪。不同畜种不同清粪工艺最高允许排水量按照 GB 18596 执行。

第六条 畜禽规模养殖场应及时对粪污进行收集、贮存，粪污暂存池（场）应满足防渗、防雨、防溢流等要求。

固体粪便暂存池（场）的设计按照 GB/T 27622 执行。污水暂存池的设计按照 GB/T 26624 执行。

第七条 畜禽规模养殖场应建设雨污分离设施，污水宜采用暗沟或管道输送。

第八条 规模养殖场干清粪或固液分离后的固体粪便可采用堆肥、沤肥、生产垫料等方式进行处理利用。固体粪便堆肥（生产垫料）宜采用条垛式、槽式、发酵仓、强制通风静态垛等好氧工艺，或其他适用技术，同时配套必要的混合、输送、搅拌供氧等设施设备。猪场堆肥设施发酵容积不小于 $0.002\,m^3$ × 发酵周期（d）× 设计存栏量（头），其他畜禽按 GB 18596 折算成猪的存栏量计算。

第九条 液体或全量粪污通过氧化塘、沉淀池等进行无害化处理的，氧化塘、贮存池容积不小于单位畜禽日粪污产生量（m^3）× 贮存周期（d）× 设计存栏量（头）。单位畜禽粪污日产生量推荐值为：生猪 $0.01\,m^3$，奶牛 $0.045\,m^3$，肉牛 $0.017\,m^3$，家禽 $0.000\,2\,m^3$，具体可根据养殖场实际情况核定。

第十条 液体或全量粪污采用异位发酵床工艺处理的，每头存栏生猪粪污暂存池容积不小于 $0.2\,m^3$，发酵床建设面积不小于 $0.2\,m^2$，并有防渗防雨功能，配套搅拌设施。

第十一条 液体或全量粪污采用完全混合式厌氧反应器（CSTR）、上流式厌氧污泥床反应器（UASB）等处理的，配套调节池、厌氧发酵罐、固液分离机、贮气设施、沼渣沼液储存池等设施设备，相关建设要求依据 NY/T 1220 执行。沼液贮存池容积依据第九条确定。

利用沼气发电或提纯生物天然气的，根据需要配套沼气发电和沼气提纯等设施设备。

第十二条 堆肥、沤肥、沼肥、肥水等还田利用的，依据畜禽养殖粪污土地承载力测算技术指南合理确定配套农田面积,并按 GB/T 25246、NY/T 2065执行。

第十三条 委托第三方处理机构对畜禽粪污代为综合利用和无害化处理的,应依照第六条规定建设粪污暂存设施,可不自行建设综合利用和无害化处理设施。

第十四条 固体粪便、污水和沼液贮存设施建设要求按照 GB/T 26622、GB/T 26624 和 NY/T 2374执行。

第十五条 第三方处理机构粪污收集、处理和利用相关设施设备要求,参照相关工程技术规范执行。

第十六条 各省(区、市)可参照制定符合本地实际的畜禽规模养殖场粪污资源化利用设施建设规范。

农业农村部办公厅 生态环境部办公厅
关于促进畜禽粪污还田利用依法加强
养殖污染治理的指导意见

各省、自治区、直辖市及计划单列市农业农村（农牧、畜牧兽医）、生态环境厅（局、委），新疆生产建设兵团农业农村、生态环境局：

近年来，各地认真贯彻党中央、国务院决策部署，深入落实《国务院办公厅关于加快推进畜禽养殖废弃物资源化利用的意见》（国办发〔2017〕48号），畜禽粪污综合利用率稳步提升，非法排污得到有效控制，为农村人居环境改善和农业污染防治作出了积极贡献。但是，畜禽养殖种养结合程度不高、粪肥还田利用渠道不畅等问题还比较突出。为深化种养结合发展，加快推进畜禽粪污还田利用，进一步明确畜禽养殖污染治理路径提高粪污资源化利用水平，促进生态环境保护和畜牧业协调发展提出如下意见。

一、总体要求

（一）指导思想

以习近平生态文明思想为指导，落实《中共中央 国务院关于全面加强生态环境保护坚决打好污染防治攻坚战的意见》和《国务院办公厅关于加快推进畜禽养殖废弃物资源化利用的意见》要求，以粪污无害化处理、粪肥全量化还田为重点，坚持依法治理、以用促治、利用优先，促进畜禽粪肥低成本还田利用，积极稳妥推进畜禽养殖污染治理，努力探索畜牧业绿色发展的新路径。

（二）基本原则

以用促治，利用优先。正确认识畜禽粪污的资源属性和污染风险，加快畜禽养殖污染防治从重达标排放向重全量利用转变。通过减少处理环节、简化操作流程、实行专业服务，不断降低粪污处理、粪肥施用的难度和成本，努力破除畜禽粪污肥料化利用瓶颈制约，提高利用水平。

政府支持，市场运作。发挥地方政府组织协调作用，提升各项工作的系统性、整体性、协同性。完善支持政策，加强粪肥施用技术指导和服务，提高种植户使用粪肥积极性。培育粪肥经纪公司、经纪人等社会化服务主体，建立粪肥收贮运还田体系，构建粪肥还田市场化运营机制。

科学管理，高效利用。依据施肥、灌溉、排污等不同行为性质确定适用标准。按照"养分平衡、以养促种"的思路，优化畜禽粪污处理和利用模式，促进畜禽粪污养分高效利用。

依法监管，落实责任。落实种养主体和第三方责任，加大环保执法监管力度，避免畜禽粪肥利用超出土地养分需要量，造成环境污染。对养殖场户污染治理需要整改的，要给予合理过渡期。

（三）主要目标

立足我国畜牧业和种植业特点，健全粪肥还田监管体系和制度，推广经济高效、灵活多样的种养结合模式，引导养殖场户配套种植用地，培育粪肥经纪公司、经纪人等社会化服务主体，调动种植户使用粪肥积极性，形成有效衔接、相互匹配的种养业发展格局。粪肥还田利用设施装备进一步完善、成本进一步降低，耕地地力不断提高，农作物品质明显提升，畜禽粪肥还田机制逐步健全，违法排污得到有效控制，畜牧业的生态效益进一步增强。到2025年，畜禽粪污综合利用率达到80%；到2035年，畜禽粪污综合利用率达到90%。

二、积极推行种养结合

（四）科学规划布局

制定全国畜禽粪肥利用种养结合工程建设规划。畜牧大县要制定种养循环发展规划明确粪肥利用的目标、途径和任务，加强种养结合发展指导。各地要统筹安排种养业发展空间，统筹考虑现代化养殖基地、蔬菜林果基地、茶叶基地和生态循环农业基地建设，积极打造种养结合示范区。要根据环境容量和土地承载能力，统筹安排种养发展空间，优化调整畜禽养殖场布局，鼓励实行多点分布、适度规模养殖，保持合理养殖密度，降低环境风险。

（五）拓宽粪肥利用渠道

要把畜禽粪肥作为替代化肥的重要肥料来源，着力扩大堆（沤）肥、液态粪肥利用，多种形式利用粪污养分资源，服务种植业提质增效。规模养殖场应通过租赁、协议等方式，依据粪污养分产生量和农作物养分需求量落实用肥土地，为畜禽粪肥就地就近还田利用提供有利条件。对无法足量配套用肥土地的养殖场户鼓励通过粪肥经纪公司，经纪人等社会化服务主体，与种植主体有效衔接。对无法就地就近利用的畜禽粪污，鼓励生产商品有机肥，扩大还田利用半径。鼓励种植大户、合作社、家庭农场、农业企业配套建设液态粪肥田间贮存池，输送管网等设施，实现场内粪污贮存发酵与田间粪肥贮存利用设施相配套。

（六）促进源头减量

支持规模养殖场采用现代化设施装备，改进畜禽养殖和粪污贮存发酵工艺，推广使用节水式饮水器，建设漏缝地板、舍下贮存池、自动清粪、雨污分流等设施减少粪污产生总量，降低粪污处理和利用难度。采取圈舍气体净化、粪污覆盖贮存等措施，控制气体排放，减少养分损失。推广低蛋白日粮，降低畜禽养殖氮排泄量。规范饲料和兽药使用，开展兽用抗菌药使用减量化行动，严格执行《饲料添加剂安全使用规范》，减少促生长兽用抗菌药物和矿物元素饲料添加剂使用，从源头减少抗菌药物和重金属残留，控制利用风险。

（七）加强技术推广

完善畜禽粪污肥料化标准体系，规范畜禽粪污的处理、利用和检测，科学确定有害物质限量，加强对畜禽粪肥还田方式、时间、用量等方面的指导。以降低利用成本和提高安全水平为重点，统筹考虑不同区域资源环境、主导畜种、养殖规模、农田作物等基础条件，大力推广堆（沤）肥、固液混合发酵等经济高效的利用方式，推动畜禽粪污就地就近全量肥料化利用。加强还田利用设施装备研发，着力推广适用于丘陵山区、零散地块的中小型固态和液态粪肥施用机具，降低粪肥施用劳动强度。鼓励通过机械深施、注射施肥等方式进行粪肥还田，提高氮素利用率，减少养分损失和氨气挥发。

（八）强化基础支撑

以养分供需平衡为核心，完善畜禽粪肥土地需求量核算方法，通过信息化管理提高计算的精准性和便捷性。加强种养结合区划研究，评估不同区域资源环境和粪肥供需特点。加强畜禽粪肥还田利用全链条监测，开展生态环境效应评估，防范还田风险。以大型规模养殖场为重点，推行粪污处理和粪肥利用台账管理。

（九）规范准入管理。

严格执行《畜牧法》《畜禽规模养殖污染防治条例》有关要求，依法做好畜禽养殖禁养区管理工作，严禁打着环保等名义搞"无猪市""无猪县"。继续推进生猪养殖项目环评"放管服"改革，做好环评与排污许可、主要污染物排放总量管理的衔接，对规模以下生猪养殖项目和不设置污水排放口的规模以上生猪养殖项目，不得要求申请排污许可证和取得总量指标。

三、保障措施

（十）加强统筹协调

各地农业农村部门、生态环境部门要在本级党委和政府领导下，建立上下联动、各负其责、分工协作的工作推动机制，合力推进畜禽粪肥还田利用，防治畜禽养殖污染。各地要根据本地区域特点，制定科学完善，操作性强的种养结合工作方案并推动实施。加强工作指导和监督，定期调度工作进展，跟踪评估实施成效。加强宣传引导，增强种养主体粪肥还田意识。

（十一）构建市场机制

鼓励各地学习借鉴广西福绵、四川邛崃等市场化低成本粪污治理和资源化利用做法。鼓励粪肥经纪公司、经纪人等社会化服务主体开展粪肥收运施用服务，建立受益者付费机制，全面提升专业化机械化水平，降低粪肥还田成本，提高利用收益，形成养殖、种植、社会化服务主体等多方共赢的市场化机制。

（十二）强化政策支持

各地农业农村部门要做好畜禽粪污资源化利用项目和果菜茶有机肥替代化肥项目的衔接，协调地方财政加大支持力度，支持畜禽粪肥运输、贮存、利用设施装备建设,推动出台畜禽粪肥就地就近利用补助政策,调动农民和新型经营主体使用粪肥积极性。统筹利用支持农民合作社和家庭农场等主体高质量发展有关政策,支持培育一批种养结合型的新型经营主体。

(四)严格依法监管。

对沼液、肥水等液态粪肥还田利用,符合国家和地方法律法规、标准规范要求且不造成环境污染的,不能简单套用污水排放标准、农田灌溉水质标准。对施用畜禽粪肥超过土地养分需要量,造成环境污染的,要依法查处。对粪污贮存、处理、利用、雨污分流等环保设施配套不到位,粪污直排的养殖场户,要给予整改期限,严禁采取"一律关停"等简单做法,避免以清理代替治理,逾期整改不到位的,要依法查处。进一步规范行使行政处罚自由裁量权,加强事中事后监管,积极转变执法理念,创新执法方式,增强服务意识,确保公正文明执法。

农业农村部办公厅

生态环境部办公厅

2019年12月19日

农业农村部办公厅 生态环境部办公厅关于进一步明确畜禽粪污还田利用要求强化养殖污染监管的通知

各省、自治区、直辖市及计划单列市农业农村（农牧、畜牧兽医）、生态环境厅（局、委），新疆生产建设兵团农业农村、生态环境局：

为推动落实《农业农村部办公厅 生态环境部办公厅关于促进畜禽粪污还田利用依法加强养殖污染治理的指导意见》（农办牧〔2019〕84号），进一步明确畜禽粪污还田利用有关标准和要求，全面推进畜禽养殖废弃物资源化利用，加大环境监管力度，加快构建种养结合、农牧循环的可持续发展新格局，现将有关要求通知如下。

一、畅通还田利用渠道

（一）鼓励畜禽粪污还田利用

国家支持畜禽养殖场户建设畜禽粪污无害化处理和资源化利用设施，鼓励采取粪肥还田、制取沼气、生产有机肥等方式进行资源化利用。已获得环评批复的规模养殖场在建设和运营过程中，如需将粪污处理由达标排放（含按农田灌溉水标准排放）变更为资源化利用（不含商业化沼气工程和商品有机肥生产），在项目竣工环保验收前变更的，按照非重大变动纳入竣工环境保护验收管理；在竣工环保验收后变更的，按照改建项目依法开展环评。

（二）明确还田利用标准规范

畜禽粪污的处理应根据排放去向或利用方式的不同执行相应的标准规范。对配套土地充足的养殖场户，粪污经无害化处理后还田利用具体要求及限量应符合《畜禽粪便无害化处理技术规范》(GB/T 36195)和《畜禽粪便还田技术规范》(GB/T 25246),配套土地面积应达到《畜禽粪污土地承载力测算技术指南》(以下简称《指南》)要求的最小面积。对配套土地不足的养殖场户,粪污经处理后向环境排放的,应符合《畜禽养殖业污染物排放标准》(GB 18596)和地方有关排放标准。用于农田灌溉的,应符合《农田灌溉水质标准》(GB 5084)。

二、加强事中事后监管

(一)落实养殖场户主体责任

养殖场户应当切实履行粪污利用和污染防治主体责任,采取措施,对畜禽粪污进行科学处理和资源化利用,防止污染环境。从事畜禽规模养殖要严格落实《中华人民共和国固体废物污染环境防治法》《中华人民共和国水污染防治法》《畜禽规模养殖污染防治条例》要求,建设粪污无害化处理和资源化利用设施并确保其正常运行,或委托第三方代为实现粪污无害化处理和资源化利用。对畜禽规模养殖污染防治设施配套不到位,粪污未经无害化处理直接还田或向环境排放,不符合国家和地方排放标准的,农业农村部门要加强技术指导和服务,生态环境部门要依法查处。

(二)强化粪污还田利用过程监管

养殖场户应依法配置粪污贮存设施,设施总容积不得低于当地农林作物生产用肥的最大间隔时间内产生粪污的总量,配套土地面积不得小于《指南》要求的最小面积;配套土地面积不足的,应委托第三方代为实现粪污资源化。达不到前述要求且无法证明粪污去向的,视同超出土地消纳能力。

三、强化保障和支撑

(一)完善粪肥还田管理制度

督促指导规模养殖场制定畜禽粪肥还田利用计划,根据养殖规模明确配套农田面积、农田类型、种植制度、粪肥使用时间及使用量等。推动建立畜禽粪污处理和粪肥利用台账,避免施用超量或时间不合理,并作为监督执法的重要依据。加强日常监测,及时掌握粪污养分和有害物质含量,严防还田环境风险。

(二)加强技术和装备支撑

加快畜禽粪污资源化利用先进工艺、技术和装备研发,着力破除粪污资源化利用过程中的技术和成本障碍。鼓励养殖场户全量收集和利用畜禽粪污,根据实际情况选择合理的输送和施用方式,不再强制要求固液分离。结合本地实际,推行经济高效的粪污资源化利用技术模式,积极推广全量机械化施用,逐步改进粪肥施用方式。

农业农村部办公厅
生态环境部办公厅
2020年6月4日

全国畜牧总站关于印发《规范畜禽粪污处理降低养分损失技术指导意见》的通知

各省、自治区、直辖市及计划单列市畜牧（农业发展服务）站（中心），新疆生产建设兵团畜牧兽医工作总站：

为落实《国务院办公厅关于加快推进畜禽养殖废弃物资源化利用的意见》的决策部署，指导畜禽养殖场规范畜禽粪污处理，降低养分损失，促进种养循环，协同推进氨气等臭气减排，按照农业农村部畜牧兽医局要求，全国畜牧总站会同农业农村部畜禽养殖废弃物资源化利用技术指导委员会制定了《规范畜禽粪污处理降低养分损失技术指导意见》。现印发你们，请参照执行。

全国畜牧总站
2021年8月9日

规范畜禽粪污处理降低养分损失技术指导意见

为落实《国务院办公厅关于加快推进畜禽养殖废弃物资源化利用的意见》的决策部署，规范畜禽粪污处理，降低养分损失，促进种养循环，协同推进氨气等臭气减排，降低粪污处理环节温室气体排放，提升畜禽粪污资源化利用水平，为畜牧业绿色循环低碳发展提供技术支持，特提出如下指导意见。

一、基本原则

1. 坚持立足畜牧业发展实际。综合考虑畜产品有效供给、畜牧业发展基础、环境保护要求，积极稳妥推进粪污处理设施装备改造提升，合理选择经济性较好的处理技术。

2. 坚持种养循环发展。以畜禽粪污就地就近还田利用为重点，完善轻简化处理设施设备，推动提高规范化还田水平，降低粪污处理和利用过程中的养分损失。

3. 坚持因地制宜细化要求。各地要充分考虑区域资源环境特点，逐级细化畜禽粪污处理设施和工艺要求，积极探索具有地方特色的技术模式。

二、关键技术

1. 低蛋白日粮配方技术。参照《仔猪、生长育肥猪配合饲料》（GB/T 5915—2020）和《产蛋鸡和肉鸡配合饲料》（GB/T 5916—2020），在确保不影响生猪和家禽生产性能和产品品质的前提下，合理添加氨基酸和酶制剂，降低日粮中粗蛋白质含量，提高饲料氮利用效率。

2. 优化畜舍清粪技术。采用干清粪工艺的畜禽养殖场户，若原有舍内清粪频率较低，可适当将清粪频率增加1~2次/天，减少粪尿在舍内停留时间；采用水泡粪工艺的畜禽养殖场户，选择深坑贮存或浅坑贮存工艺，必要时配置地沟风机，每头育肥猪日均粪污产生总量不超过0.015立方米。

3. 生物发酵床养殖技术。采用稻壳、锯末、碎秸秆等作为生物发酵床垫料，定期在垫料上喷洒微生物菌剂。家禽养殖可采用原位和网下生物发酵床，垫料中稻壳占比不超过30%，垫料厚度不低于40厘米，需定期翻耙发酵床，翻耙次数每周至少1次，保证垫料和粪污充分混合。北方蒸发量大的地区，羊养殖可采用原位生物发酵床，垫料厚度不低于15厘米，不用翻耙，清粪间隔非冬季不超过40天，冬季不超过6天。

4. 圈舍排出空气净化技术。对于机械通风的密闭式畜舍，在排风风机外侧安装喷淋装置、湿帘等湿式净化设施，通过喷洒弱酸性或含有次氯酸钠等氧化剂的液体进行过滤，其中酸性洗涤液pH控制在6以下；或将畜舍排出空气通过生物质填料进行过滤，生物质填料主要由木屑、秸秆等制成。现有研究表明，采用空气净化技术可降低排出空气臭气强度50%以上。

5. 液体粪污覆盖贮存技术。包括固定式覆盖贮存和漂浮式覆盖贮存。固定式覆盖指在液体粪污贮存设施上加盖或覆膜，应配备气体通风口或气体回收处理装置，以防止易燃气体的积聚。漂浮式覆盖指采用几何形状的塑料覆盖片、蛭石等可漂浮物，宜用于降水较少区域表面积较大的液体粪污贮存设施。

6. 液体粪污酸化贮存技术。通过添加酸化剂降低液体粪污pH，将氮素以较稳定的铵盐形态保留在粪污中。常用的酸化剂有硫酸、过磷酸钙等，调节pH至5.5～6.5，酸化后的液体粪污需继续贮存发酵。现有研究表明，当粪污pH小于6时，可减少氮损失50%以上。

7. 固体粪污密闭沤肥技术。根据固体粪污含水量，适当添加木屑、碎秸秆等物料，保证成堆。选择适宜地点进行密闭厌氧发酵，沤肥期应不少于60天。沤肥时宜选择向阳、地势较高、相对平坦的空地，底部需进行防渗处理，四周用塑料膜等密封或覆土，同时做好防雨处理。

8. 固体粪污密闭堆肥技术。包括反应器堆肥和膜堆肥。反应器堆肥发酵时间不少于7天，发酵过程中产生的臭气统一净化处理。膜堆肥宜对场地进行硬化，堆体上方覆盖膨体聚四氟乙烯膜，将臭气截留在堆体中，底部定期通风，发酵时间不少于14天。

9. 堆肥生物基除臭技术。在条垛式、槽式好氧堆肥密闭车间，通过排风风机将空气送入生物基滤床底部，经过水分膜吸收以及微生物作用等过程实现排出空气净化。生物基滤床一般采用堆肥腐熟产品和木屑等生物质材料制成，含水量50%～65%，在净化空气的同时实现氮素回收。现有研究表明，该技术可降低臭气排放强度90%以上。

10. 液体粪肥覆盖式施用技术。采用喷施、浇施、冲施、淋施、条施、滴灌施等方式，将液体粪肥施用于土壤表面后，宜及时翻耕入土，减少粪肥在土壤表面停留时间，减小与空气接触面积。还可通过注射式等施肥方式，将液体粪肥施用于土壤表面以下3～35厘米。

三、注意事项

1. 做好源头减排。指导养殖场户减少用水量，严格执行饲料添加剂使用标准，规范兽用抗菌药和消毒剂使用，减轻后端粪污处理压力。

2. 提升处理水平。按照《畜禽粪便无害化处理技术规范》（GB/T 36195—2018）进行处理，因地制宜确定贮存和处理设施规模，做到设施规模和还田利用间隔时间相匹配，严格按照操作规程保证设施正常运行，定期维护管理，确保安全有效运行。

3. 强化粪肥利用。加强畜禽粪肥检测，注意总结不同区域、不同作物畜禽粪肥施用数量、时间和方式，避免因过量施用和不当施用对植物生长造成影响。

ICS 13.060.01
Z 51

中华人民共和国国家标准
GB 5084—2021

代替 GB 5084-2005、GB 22573—2008、GB 22574-2008

农田灌溉水质标准
Standard for irrigation water quality

2021-01-20发布　　　　2021-07-01实施

生态环境部
国家市场监督管理总局发布

目 次

前 言

适用范围

规范性引用文件

术语和定义

农田灌溉水质要求

监测与分析方法

实施与监督

前　言

为贯彻执行《中华人民共和国环境保护法》《中华人民共和国土壤污染防治法》《中华人民共和国水污染防治法》，加强农田灌溉水质监管，保障耕地、地下水和农产品安全，制定本标准。

本标准规定了农田灌溉水质要求、监测和监督管理要求。

本标准于1985年首次发布，1992年和2005年分别进行了2次修订，本次为第3次修订。本次修订的主要内容：

1. 修改了标准适用范围；

2. 更新了规范性引用文件；

3. 增加了农田灌溉用水、水田作物和旱地作物等术语与定义；

4. 增加了总镍、氯苯、1，2-二氯苯、1，4-二氯苯、硝基苯、甲苯、二甲苯、异丙苯、苯胺等9项农田灌溉水质选择控制项目限值；

5. 修改了对农田灌溉水质的监测要求；

6. 增加了标准的实施与监督规定。

自本标准实施之日起，《农田灌溉水质标准》（GB 5084—2005）、《灌溉水中氯苯、1，2-二氯苯、1，4-二氯苯、硝基苯限量》（GB 22573—2008）、《灌溉水中甲苯、二甲苯、异丙苯、苯酚和苯胺限量》（GB 22574—2008）废止。

本标准是农田灌溉水质的基本要求。省级人民政府对本标准未作规定的项目，可以制定地方农田灌溉水质标准；对本标准已作规定的项目，可以制定严于本标准的地方农田灌溉水质标准。地方农田灌溉水质标准应报国务院生态环境主管部门备案。

本标准由生态环境部土壤生态环境司、法规与标准司组织制定。

本标准主要起草单位：中国环境科学研究院、生态环境部南京环境科学研究所、生态环境部土壤与农业农村生态环境监管技术中心、农业农村部环境保护科研监测所。

本标准生态环境部2021年1月9日批准。

本标准自2021年7月1日起实施。

本标准由生态环境部解释。

农田灌溉水质标准

（一）适用范围

本标准规定了农田灌溉水质要求、监测与分析方法和监督管理要求。

本标准适用于以地表水、地下水作为农田灌溉水源的水质监督管理。城镇污水（工业废水和医疗污水除外）以及未综合利用的畜禽养殖废水、农产品加工废水和农村生活污水进入农田灌溉渠道，其下游最近的灌溉取水点的水质按本标准进行监督管理。

（二）规范性引用文件

本标准引用了下列文件或其中的条款。凡是注明日期的引用文作，仅注日期的版本适用于本标准。凡是未注日期的引用文件，其最新版本（包括所有的修改单）适用于本标准。

GB 7467　水质　六价铬的测定　二苯碳酰二肼分光光度法

GB 7475　水质　铜、锌、铅、镉的测定　原子吸收分光光度法

GB 7484　水质　氟化物的测定　离子选择电极法

GB 7494　水质　阴离子表面活性剂的测定　亚甲蓝分光光度法

GB 11889　水质　苯胺类化合物的测定　N-（1-萘基）乙二胺偶氮分光光度法

GB 11896　水质　氯化物的测定　硝酸银滴定法

GB 11901　水质　悬浮物的测定　重量法

GB 11912　水质　镍的测定　火焰原子吸收分光光度法

GB 13195　水质　水温的测定　温度计或颠倒温度计测定法

GB 20922　城市污水再生利用　农田灌溉用水水质

GB/T 15505　水质　硒的测定　石墨炉原子吸收分光光度法

GB/T 16489　水质　硫化物的测定　亚甲基蓝分光光度法

HJ/T 49　水质　硼的测定　姜黄素分光光度法

HJ/T 50　水质　三氯乙醛的测定　吡唑啉酮分光光度法

HJ/T 51　水质　全盐量的测定　重量法

HJ/T 74　水质　氯苯的测定　气相色谱法

HJ 84　水质　无机阴离子（F^-、Cl^-、NO_2^-、Br^-、NO_3^-、PO_4^{3-}、SO_3^{2-}、SO_4^{2-}）的测定　离子色谱法

HJ/T 200　水质　硫化物的测定　气相分子吸收光谱法

HJ/T 343　水质　氯化物的测定　硝酸汞滴定法（试行）

HJ 347.2　水质　粪大肠菌群的测定　多管发酵法

HJ/T 399　水质　化学需氧量的测定　快速消解分光光度法

HJ 484　水质　氰化物的测定　容量法和分光光度法

HJ 485　水质　铜的测定　二乙基二硫代氨基甲酸钠分光光度法

HJ 486　水质　铜的测定　2,9-二甲基-1,10菲啰啉分光光度法

HJ 487　水质　氟化物的测定　茜素磺酸锆目视比色法

HJ 488　水质　氟化物的测定　氟试剂分光光度法

HJ 503　水质　挥发酚的测定　4-氨基安替比林分光光度法

HJ 505　水质　五日生化需氧量（BOD_5）的测定　稀释与接种法

HJ 592　水质　硝基苯类化合物的测定　气相色谱法

HJ 597　水质　总汞的测定　冷原子吸收分光光度法

HJ 621　水质　氯苯类化合物的测定　气相色谱法

HJ 637　水质　石油类和动植物油类的测定　红外分光光度法

HJ 639　水质　挥发性有机物的测定　吹扫捕集/气相色谱-质谱法

HJ 648　水质　硝基苯类化合物的测定　液液萃取/固相萃取-气相色谱法

HJ 686　水质　挥发性有机物的测定　吹扫捕集/气相色谱法

HJ 694　水质　汞、砷、硒、铋和锑的测定　原子荧光法

HJ 700　水质　65种元素的测定　电感耦合等离子体质谱法

HJ 716　水质　硝基苯类化合物的测定　气相色谱-质谱法

HJ 775　水质　蛔虫卵的测定　沉淀集卵法

HJ 776　水质　32 种元素的测定　电感耦合等离子体发射光谱法

HJ 806　水质　丙烯腈和丙烯醛的测定　吹扫捕集/气相色谱法

HJ 810　水质　挥发性有机物的测定　顶空/气相色谱－质谱法

HJ 811　水质　总硒的测定　3，3'－二氨基联苯胺分光光度法

HJ 822　水质　苯胺类化合物的测定　气相色谱－质谱法

HJ 823　水质　氰化物的测定　流动注射－分光光度法

HJ 824　水质　硫化物的测定　流动注射－亚甲基蓝分光光度法

HJ 825　水质　挥发酚的测定　流动注射-4-氨基安替比林分光光度法

HJ 826　水质　阴离子表面活性剂的测定　流动注射－亚甲基蓝分光光度法

HJ 828　水质　化学需氧量的测定　重铬酸盐法

HJ 908　水质　六价铬的测定　流动注射－二苯碳酰二肼光度法

HJ 970　水质　石油类的测定　紫外分光光度法（试行）

HJ 1048　水质　17种苯胺类化合物的测定　液相色谱－三重四极杆质谱法

HJ 1067　水质　苯系物的测定　顶空/气相色谱法

HJ 1147　水质　pH 值的测定　电极法

NY/T 396　农用水源环境质量监测技术规范

（三）术语和定义

下列术语和定义适用于本标准。

1. 农田灌溉用水 farmland irrigation water

为满足农作物生长需要，经人为输送，直接或通过渠道、管道供给农田的水。

2. 水田作物 paddy field crops

适于水田淹水环境生长的农作物，如水稻等。

3. 旱地作物 dry land crops

适于旱地、水浇地等非淹水环境生长的农作物，如小麦、玉米、棉花等。

（四）农田灌溉水质要求

1.农田灌溉水质控制项目分为基本控制项目和选择控制项目。

（1）基本控制项目为必测项目，应符合表1的规定。

（2）选择控制项目由地方生态环境主管部门会同农业农村、水利等主管部门根据农田灌溉用水类型和作物种类要求选择执行，应符合表2的规定。。

表1 农田灌溉水质基本控制项目限值

序号	项目类别		作物种类		
			水田作物	旱地作物	蔬菜
1	pH 值		5.5–8.5		
2	水温 /℃	≤	35		
3	悬浮物 / (mg/L)	≤	80	100	60[a], 15[b]
4	五日生化需氧量（BOD_5）/ (mg/L)	≤	60	100	40[a], 15[b]
5	化学需氧量（COD_{Cr}）/ (mg/L)	≤	150	200	100[a], 60[b]
6	阴离子表面活性剂 / (mg/L)	≤	5	8	5
7	氯化物（以 Cl^- 计）/ (mg/L)	≤	350		
8	硫化物（以 S^{2-} 计）/ (mg/L)	≤	1		
9	全盐量 / (mg/L)	≤	1 000(非盐碱土地区), 2 000(盐碱土地区)		
10	总铅 / (mg/L)	≤	0.2		
11	总镉 / (mg/L)	≤	0.01		
12	铬（六价）/ (mg/L)	≤	0.1		
13	总汞 / (mg/L)	≤	0.001		
14	总砷 / (mg/L)	≤	0.05	0.1	0.05
15	粪大肠菌群数 / (MPN/L)	≤	40 000	40 000	20 000[a], 10 000[b]

续表

序号	项目类别		作物种类		
			水田作物	旱地作物	蔬菜
16	蛔虫卵数/(个/10L)	≤	20		20[a]，10[b]

a. 加工、烹调及去皮蔬菜。
b. 生食类蔬菜、瓜类和草本水果。

表2 农田灌溉用水水质选择控制项目限值

序号	项目类别		作物种类		
			水田作物	旱地作物	蔬菜
1	氰化物(以CN^-计)/(mg/L)	≤	0.5		
2	氟化物(以F^-计)/(mg/L)	≤	2（一般地区），3（高氟区）		
3	石油类/(mg/L)	≤	5	10	1
4	挥发酚/(mg/L)	≤	1		
5	总铜/(mg/L)	≤	0.5	1	
6	总锌/(mg/L)	≤	2		
7	总镍/(mg/L)	≤	0.2		
8	硒/(mg/L)	≤	0.02		
9	硼/(mg/L)	≤	1[a]，2[b]，3[c]		
10	苯/(mg/L)	≤	2.5		
11	甲苯/(mg/L)	≤	0.7		
12	二甲苯/(mg/L)	≤	0.5		
13	异丙苯/(mg/L)	≤	0.25		
14	苯胺/(mg/L)	≤	0.5		
15	三氯乙醛/(mg/L)	≤	1	0.5	

续表

序号	项目类别		作物种类		
			水田作物	旱地作物	蔬菜
16	丙烯醛 /（mg/L）	≤	0.5		
17	氯苯 /（mg/L）	≤	0.3		
18	1，2- 二氯苯 /（mg/L）	≤	1.0		
19	1，4- 二氯苯 /（mg/L）	≤	0.4		
20	硝基苯 /（mg/L）	≤	2.0		

a. 对硼敏感作物，如黄瓜、豆类、马铃薯、笋瓜、韭菜、洋葱、柑橘等。
b. 对硼耐受性较强的作物，如小麦、玉米、青椒、小白菜、葱等。
c. 对硼耐受性强的作物，如水稻、萝卜、油菜、甘蓝等。

2. 城镇污水处理厂再生水进行农田灌溉，同时应执行 GB 20922 的规定。

3. 向农田灌溉渠道排放城镇污水以及未综合利用的畜禽养殖废水、农产品加工废水、农村生活污水，应保证其下游最近的灌溉取水点的水质符合本标准的要求。

（五）监测与分析方法

1. 监测

农田灌溉水质基本控制项目和选择控制项目的监测布点和采样方法应符合 NY/T 396 的要求，待农田灌溉水质监测技术规范发布实施后从其规定。

2. 分析方法

本标准控制项目分析方法按表3执行。本标准发布实施后国家发布的监测标准，如适用性满足要求，同样适用于本标准相应控制项目的测定。

表3 农田灌溉水质控制项目分析方法

序号	分析项目		标准名称	标准编号
1	pH值		水质 pH值的测定 电极法	HJ 1147
2	水温	水质	水温的测定 温度计或颠倒温度计测定法	GB 13195
3	悬浮物	水质	悬浮物的测定 重量法	GB 11901
4	五日生化需氧量（BOD_5）	水质	五日生化需氧量（BOD_5）的测定 稀释接种法	HJ 505
5	化学需氧量（COD_{Cr}）	水质	化学需氧量的测定 快速消解分光光度法	HJ/T 399
		水质	化学需氧量的测定 重铬酸盐法	HJ 828
6	阴离子表面活性剂	水质	阴离子表面活性剂的测定 亚甲蓝分光光度法	GB 7494
		水质	阴离子表面活性剂的测定 流动注射–亚甲基蓝分光光度法	HJ 826
7	氯化物	水质	氯化物的测定 硝酸银滴定法	GB 11896
		水质	无机阴离子（F^-、Cl^-、NO_2^-、Br^-、NO_3^-、PO_4^{3-}、SO_3^{2-}、SO_4^{2-}）的测定 离子色谱法	HJ 84
		水质	氯化物的测定 硝酸汞滴定法（试行）	HJ/T 343
8	硫化物	水质	硫化物的测定 亚甲基蓝分光光度法	GB/T 16489
		水质	硫化物的测定 气相分子吸收光谱法	HJ/T 200
		水质	硫化物的测定 流动注射–亚甲基蓝分光光度法	HJ 824
9	全盐量	水质	全盐量的测定 重量法	HJ/T 51

续表

序号	分析项目	标准名称	标准编号
10	总铅	水质 铜、锌、铅、镉的测定 原子吸收分光光度法	GB 7475
		水质 65 种元素的测定 电感耦合等离子体质谱法	HJ 700
		水质 32 种元素的测定 电感耦合等离子体发射光谱法	HJ 776
11	总镉	水质 65 种元素的测定 电感耦合等离子体质谱法	HJ 700
		水质 32 种元素的测定 电感耦合等离子体发射光谱法	HJ 776
12	铬(六价)	水质 六价铬的测定 二苯碳酰二肼分光光度法	GB 7467
		水质 六价铬的测定 流动注射-二苯碳酰二肼光度法	HJ 908
13	总汞	水质 总汞的测定 冷原子吸收分光光度法	HJ 597
		水质 汞、砷、硒、铋和锑的测定 原子荧光法	HJ 694
14	总砷	水质 汞、砷、硒、铋和锑的测定 原子荧光法	HJ 694
		水质 65 种元素的测定 电感耦合等离子体质谱法	HJ 700
15	总镍	水质 镍的测定 火焰原子吸收分光光度法	GB 11912
		水质 65 种元素的测定 电感耦合等离子体质谱法	HJ 700
		水质 32 种元素的测定 电感耦合等离子体发射光谱法	HJ 776
16	粪大肠菌群数	水质 粪大肠菌群的测定 多管发酵法	HJ 347.2

续表

序号	分析项目	标准名称	标准编号
17	蛔虫卵数	水质 蛔虫卵的测定 沉淀集卵法	HJ 775
18	氰化物	水质 氰化物的测定 容量法和分光光度法	HJ 484
		水质 氰化物的测定 流动注射－分光光度法	HJ 823
19	氟化物	水质 氟化物的测定 离子选择电极法	GB 7484
		水质 无机阴离子（F^-、Cl^-、NO_2^-、Br^-、NO_3^-、PO_4^{3-}、SO_3^{2-}、SO_4^{2-}）的测定 离子色谱法	HJ 84
		水质 氟化物的测定 茜素磺酸锆目视比色法	HJ 487
		水质 氟化物的测定 氟试剂分光光度法	HJ 488
20	石油类	水质 石油类和动植物油类的测定 红外分光光度法	HJ 637
		水质 石油类的测定 紫外分光光度法（试行）	HJ 970
21	挥发酚	水质 挥发酚的测定 4-氨基安替比林分光光度法	HJ 503
		水质 挥发酚的测定 流动注射-4-氨基安替比林分光光度法	HJ 825
22	硼	水质 硼的测定 姜黄素分光光度法	HJ/T 49
		水质 65种元素的测定 电感耦合等离子体质谱法	HJ 700
23	总铜	水质 铜、锌、铅、镉的测定 原子吸收分光光度法	GB 7475
		水质 铜的测定 二乙基二硫代氨基甲酸钠分光光度法	HJ 485
		水质 铜的测定 2,9-二甲基-1,10菲啰啉分光光度法	HJ 486

续表

序号	分析项目	标准名称	标准编号
23	总铜	水质 65种元素的测定 电感耦合等离子体质谱法	HJ 700
		水质 32种元素的测定 电感耦合等离子体发射光谱法	HJ 776
		水质 铜、锌、铅、镉的测定 原子吸收分光光度法	GB 7475
24	总锌	水质 65种元素的测定 电感耦合等离子体质谱法	HJ 700
		水质 32种元素的测定 电感耦合等离子体发射光谱法	HJ 776
25	硒	水质 硒的测定 石墨炉原子吸收分光光度法	GB/T 15505
		水质 汞、砷、硒、铋和锑的测定 原子荧光法	HJ 694
		水质 65种元素的测定 电感耦合等离子体质谱法	HJ 700
		水质 总硒的测定 3,3'-二氨基联苯胺分光光度法	HJ 811
26	苯	水质 挥发性有机物的测定 吹扫捕集/气相色谱-质谱法	HJ 639
		水质 挥发性有机物的测定 吹扫捕集/气相色谱法	HJ 686
		水质 挥发性有机物的测定 顶空/气相色谱-质谱法	HJ 810
		水质 苯系物的测定 顶空/气相色谱法	HJ 1067
27	甲苯	水质 挥发性有机物的测定 吹扫捕集/气相色谱-质谱法	HJ 639

续表

序号	分析项目	标准名称	标准编号
		水质 挥发性有机物的测定 吹扫捕集/气相色谱法	HJ 686
27	甲苯	水质 挥发性有机物的测定 顶空/气相色谱-质谱法	HJ 810
		水质 苯系物的测定 顶空/气相色谱法	HJ 1067
		水质 挥发性有机物的测定 吹扫捕集/气相色谱-质谱法	HJ 639
		水质 挥发性有机物的测定 吹扫捕集/气相色谱法	HJ 686
28	二甲苯	水质 挥发性有机物的测定 顶空/气相色谱-质谱法	HJ 810
		水质 苯系物的测定 顶空/气相色谱法	HJ 1067
		水质 挥发性有机物的测定 吹扫捕集/气相色谱-质谱法	HJ 639
		水质 挥发性有机物的测定 吹扫捕集/气相色谱法	HJ 686
29	异丙苯	水质 挥发性有机物的测定 顶空/气相色谱-质谱法	HJ 810
		水质 苯系物的测定 顶空/气相色谱法	HJ 1067
		水质 苯胺类化合物的测定 N-(1-萘基)乙二胺偶氮分光光度法	GB 11889
30	苯胺	水质 苯胺类化合物的测定 气相色谱-质谱法	HJ 822
		水质 17种苯胺类化合物的测定 液相色谱-三重四极杆质谱法	HJ 1048
31	三氯乙醛	水质 三氯乙醛的测定 吡唑啉酮分光光度法	HJ/T 50

续表

序号	分析项目		标准名称	标准编号
32	丙烯醛	水质	丙烯腈和丙烯醛的测定 吹扫捕集/气相色谱法	HJ 806
33	氯苯	水质	氯苯的测定 气相色谱法	HJ/T 74
		水质	氯苯类化合物的测定 气相色谱法	HJ 621
		水质	挥发性有机物的测定 吹扫捕集/气相色谱－质谱法	HJ 639
		水质	挥发性有机物的测定 顶空/气相色谱－质谱法	HJ 810
34	1，2-二氯苯	水质	氯苯类化合物的测定 气相色谱法	HJ 621
		水质	挥发性有机物的测定 吹扫捕集/气相色谱－质谱法	HJ 639
		水质	挥发性有机物的测定 顶空/气相色谱－质谱法	HJ 810
35	1，4-二氯苯	水质	氯苯类化合物的测定 气相色谱法	HJ 621
		水质	挥发性有机物的测定 吹扫捕集/气相色谱－质谱法	HJ 639
		水质	挥发性有机物的测定 顶空/气相色谱－质谱法	HJ 810
36	硝基苯	水质	硝基苯类化合物的测定 气相色谱法	HJ 592
		水质	硝基苯类化合物的测定 液液萃取/固相萃取－气相色谱法	HJ 648
		水质	硝基苯类化合物的测定 气相色谱－质谱法	HJ 716

（六）实施与监督

本标准由各级人民政府生态环境主管部门会同农业农村、水利等相关主管部门监督与实施。

ined
中华人民共和国国家标准
GB/T 36195—2018

畜禽粪便无害化处理技术规范
Technical specification for sanitation treatment
of livestock and poultry manure

2018-05-14 发布 2018-12-01 实施

中国国家标准化管理委员会
国家市场监督管理总局发布

前　言

本标准按照 GB/T 1.1—2009给出的规则起草。

本标准由中华人民共和国农业农村部提出。

本标准由全国畜牧业标准化技术委员会（SAC/TC 274）归口。

本标准起草单位：全国畜牧总站、农业部畜牧环境设施设备质量监督检验测试中心（北京）。

本标准主要起草人：沙玉圣、董红敏、赵小丽、陶秀萍、于福清、刘彬、陈永杏、王荃、黄宏坤、尚斌。

畜禽粪便无害化处理技术规范

（一）范围

本标准规定了畜禽粪便无害化处理的基本要求、粪便处理场选址及布局、粪便收集、贮存和运输、粪便处理及粪便处理后利用等内容。

本标准适用于畜禽养殖场所的粪便无害化处理。

（二）规范性引用文件

下列文件对于本文件的应用是必不可少的。凡是注日期的引用文件，仅注日期的版本适用于本文件。凡是不注日期的引用文件，其最新版本（包括所有的修改单）适用于本文件。

GB 7959　粪便无害化卫生要求

GB 18596　畜禽养殖业污染物排放标准

GB/T 18877　有机-无机复混肥料

GB/T 19524.1　肥料中粪大肠菌群的测定

GB/T 19524.2　肥料中蛔虫卵死亡率的测定

GB/T 25246　畜禽粪便还田技术规范

GB/T 26624　畜禽养殖污水贮存设施设计要求

GB/T 27622　畜禽粪便贮存设施设计要求

NY 525　有机肥料

NY/T 682　畜禽场场区设计技术规范

NY/T 1220.1　沼气工程技术规范 第1部分：工艺设计

NY/T 1222　规模化畜禽养殖场沼气工程设计规范

（三）术语和定义

下列术语和定义适用于本文本。

1. 无害化处理　sanitation treatment

利用高温、好氧、厌氧发酵或消毒等技术使畜禽粪便达到卫生学要求的过程。

（四）基本要求

1. 新建、扩建和改建畜禽养殖场和养殖小区应设置粪污处理区，建设畜禽粪便处理设施；没有粪污处理设施的应补建。

2. 畜禽养殖场、养殖小区的粪污处理区布局应按照NY/T 682的规定执行。

3. 畜禽粪便处理应坚持减量化、资源化和无害化的原则。

4. 畜禽粪便处理过程应满足安全和卫生要求，避免二次污染发生。

5. 发生重大疫情时应按照国家兽医防疫有关规定处置。

（五）粪便处理场选址及布局

1. 不应在下列区域内建设畜禽粪便处理场：

a）生活饮用水水源保护区、风景名胜区、自然保护区的核心区及缓冲区；

b）城市和城镇居民区，包括文教科研、医疗、商业和工业等人口集中地区；

c）县级及县级以上人民政府依法划定的禁养区域；

d）国家或地方法律、法规规定需特殊保护的其他区域。

2. 在禁建区域附近建设畜禽粪便处理场，应设在5.1规定的禁建区域常年主导风向的下风向或侧下风向处，场界与禁建区域边界的最小距离不应小于3 km。

3. 集中建立的畜禽粪便处理场与畜禽养殖区域的最小距离应大于2 km。

4. 畜禽粪便处理场地应距离功能地表水体400 m以上。

5. 畜禽粪便处理场区应采取地面硬化、防渗漏、防径流和雨污分流等措施。

（六）粪便收集、贮存和运输

1. 畜禽生产过程宜采用干清粪工艺，实施雨污分流，减少污染物排放量。

2. 畜禽粪便贮存设施应符合 GB/T 27622的规定。

3. 畜禽养殖污水贮存设施应符合 GB/T 26624的规定。

4. 畜禽粪便收集、运输过程中，应采取防遗洒、防渗漏等措施。

（七）粪便处理

1. 固态

（1）宜采用反应器、静态垛式等好氧堆肥技术进行无害化处理，其堆体温度维持50 ℃以上的时间不少于7 d，或45 ℃以上不少于14 d。

（2）固体畜禽粪便经过堆肥处理后应符合表1的卫生学要求。

表1 固体畜禽粪便堆肥处理卫生学要求

项目	卫生学要求
蛔虫卵	死亡率≥95%
粪大肠菌群数	≤ 10^5 个/kg
苍蝇	堆体周围不应有活的蛆、蛹或新羽化的成蝇

2. 液态

（1）液态畜禽粪便宜采用氧化塘贮存后进行农田利用，或采用固液分离、厌氧发酵、好氧或其他生物处理等单一或组合技术进行无害化处理。

（2）厌氧发酵可采用常温、中温或高温处理工艺，常温厌氧发酵处理水力停留时间不应少于30 d，中温厌氧发酵不应少于7 d，高温厌氧发酵温度维持

（53±2）℃时间应不少于2d。厌氧发酵工艺设计应符合NY/T 1220.1的规定，工程设计应符合NY/T 1222的规定。

（3）经过处理后需要排放的液态部分应符合GB 18596的规定。

（4）处理后的液体畜禽粪便，其卫生学指标应符合表2的卫生学要求。

表2 液体畜禽粪便厌氧处理卫生学要求

项 目	卫生学要求
蛔虫卵	死亡率≥95%
钩虫卵	在使用粪液中不应检出活的钩虫卵
粪大肠菌群数	常温沼气发酵≤10^5个/L，高温沼气发酵≤100个/L
蚊子、苍蝇	粪液中不应有蚊蝇幼虫，池的周围不应有活的蛆、蛹或新羽化的成蝇
沼气池粪渣	达到表1要求后方可用作农肥

3. 卫生学指标检验方法

（1）粪大肠菌群

按GB/T 19524.1的规定执行。

（2）蛔虫卵

按GB/T 19524.2的规定执行。

（3）钩虫卵

按GB 7959的规定执行。

（八）粪便处理后利用

畜禽粪便经无害化处理后直接还田利用的，应符合GB/T 25246的规定。生产有机肥料的，应符合NY 525的规定。生产有机-无机复混肥的，应符合GB/T 18877的规定。

中华人民共和国农业行业标准
NY/T 3442—2019

畜禽粪便堆肥技术规范

Technical specification for animal manure composting

2019-01-17 发布 2019-09-01 实施

中华人民共和国农业农村部 发布

前 言

本标准按照 GB/T 1.1-2009给出的规则起草。

本标准由农业农村部畜牧兽医局提出。

本标准由全国畜牧业标准化技术委员会（SAC/TC 274）归口。

本标准起草单位：中国农业大学、全国畜牧总站、中国农业科学院农业资源与农业区划研究所、农业农村部规划设计研究院、南京农业大学、北京沃土天地生物科技股份有限公司、山东省兽药质量检验所、北京市农林科学院。

本标准主要起草人：李季、杨军香、李国学、赵小丽、王黎文、徐鹏翔、彭生平、李兆君、沈玉君、徐阳春、张陇利、段崇东、李永彬、李有志、李吉进、周海宾。

畜禽粪便堆肥技术规范

（一）范围

本标准规定了畜禽粪便堆肥的场地要求、堆肥工艺、设施设备、堆肥质量评价和检测方法。

本标准适用于规模化养殖场和集中处理中心的畜禽粪便及养殖垫料堆肥。

（二）规范性引用文件

下列文件对于本文件的应用是必不可少的。凡是注日期的引用文件，仅注日期的版本适用于本文件。凡是不注日期的引用文件，其最新版本（包括所有的修改单）适用于本文件。

GB/T 8576　复混肥料中游离水含量的测定　真空烘箱法

GB/T 17767.1　有机-无机复混肥料的测定方法 第1部分：总氮含量

GB 18596　畜禽养殖业污染物排放标准

GB/T 19524.1　肥料中粪大肠菌群的测定

GB/T 19524.2　肥料中蛔虫卵死亡率的测定

GB/T 23349　肥料中砷、镉、铬、铅、汞含量的测定

GB/T 25169—2010　畜禽粪便监测技术规范

GB/T 36195　畜禽粪便无害化处理技术规范

（三）术语和定

下列术语和定义适用于本文件。

1. 堆肥 composting

在人工控制条件下（水分、碳氮比和通风等），通过微生物的发酵，使有机物被降解，并生产出一种适宜于土地利用的产物的过程。

2. 辅料 auxiliary material

用于调节堆肥原料含水率、碳氮比、通透性等的物料。

注：常用辅料有农作物秸秆、锯末、稻壳、蘑菇渣等。

3. 条垛式堆肥 pile composting

将混合好的物料堆成条垛进行好氧发酵的堆肥工艺。

注：条垛式堆肥包括动态条垛式堆肥、静态条垛式堆肥等。

4. 槽式堆肥 bed composting

将混合好的物料置于槽式结构中进行好氧发酵的堆肥工艺。

注：槽式堆肥包括连续动态槽式堆肥、序批式动态槽式堆肥和静态槽式堆肥等。

5. 反应器堆肥 reactor composting

将混合好的物料置于密闭容器中进行好氧发酵的堆肥工艺。

注：反应器堆肥包括筒仓式反应器堆肥、滚筒式反应器堆肥和箱式反应器堆肥等

6. 种子发芽指数 germination index

以黄瓜或萝卜种子为试验材料，堆肥浸提液的种子发芽率和种子平均根长的乘积与去离子水种子发芽率和种子平均根长的乘积的比值，用于评价堆肥腐熟度。

（四）场地要求

1. 畜禽粪便堆肥场选址及布局应符合GB/T 36195的规定。

2. 原料存放区应防雨防水防火。畜禽粪便等主要原料应尽快预处理并输送至发酵区，存放时间不宜超过1d。

3. 发酵场地应配备防雨和排水设施。堆肥过程中产生的渗滤液应收集贮存，防止渗滤液渗漏。

4. 堆肥成品存储区应干燥、通风、防晒、防破裂、防雨淋。

（五）堆肥工艺

1. 工艺流程

畜禽粪便堆肥工艺流程包括物料预处理、一次发酵、二次发酵和臭气处理等环节，见图1。

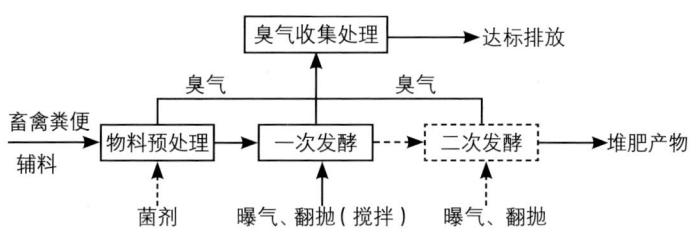

注：实线表示必需步骤，虚线表示可选步骤。

图1 畜禽粪便堆肥工艺流程

2. 物料预处理

1. 将畜禽粪便和辅料混合均匀，混合后的物料含水率宜为45%~65%，碳氮比（C/N）为（20:1）~（40:1），粒径不大于5 cm，pH 5.5~9.0。

2. 堆肥过程中可添加有机物料腐熟剂，接种量宜为堆肥物料质量的0.1%~0.2%。腐熟剂应获得管理部门产品登记。

3. 一次发酵

（1）通过堆体曝气或翻堆，使堆体温度达到55℃以上，条垛式堆肥维持时间不得少于15 d、槽式堆肥维持时间不少于7 d、反应器堆肥维持时间不少于5 d。堆体温度高于65 ℃时,应通过翻堆、搅拌、曝气降低温度。堆体温度测定方法见附录A。

(2)堆体内部氧气浓度宜不小于5%,曝气风量宜为0.05 m³/min～0.2 m³/min(以每立方米物料为基准)。

(3)条垛式堆肥和槽式堆肥的翻堆次数宜为每天1次;反应器堆肥宜采取间歇搅拌方式(如:开30 min 停30 min)。实际运行中可根据堆体温度和出料情况调整搅拌频率。

4. 二次发酵

堆肥产物作为商品有机肥料或栽培基质时应进行二次发酵,堆体温度接近环境温度时终止发酵过程。

5. 臭气控制

堆肥过程中产生的臭气应进行有效收集和处理,经处理后的恶臭气体浓度符合GB 18596的规定。臭气控制可采用如下方法:

工艺优化法:通过添加辅料或调理剂,调节碳氮比(C/N)、含水率和堆体孔隙度等,确保堆体处于好氧状态,减少臭气产生。

微生物处理法:通过在发酵前期和发酵过程中添加微生物除臭菌剂,控制和减少臭气产生。

收集处理法:通过在原料预处理区和发酵区设置臭气收集装置,将堆肥过程中产生的臭气进行有效收集并集中处理。

(六)设施设备

1. 堆肥设备选择原则

堆肥设备应根据堆肥工艺确定,分为预处理设备、发酵设备和后处理设备。

2. 预处理设备

预处理设备主要包括粉碎设备和混料设备,混料方式可选择简易铲车混料或专用混料机混料。

3.发酵设备

（1）条垛式堆肥设备

条垛式堆肥翻抛设备宜选择自走式或牵引式翻抛机，并根据条垛宽度和处理量选择翻抛机。对于简易垛式堆肥，也可用铲车进行翻抛。

（2）槽式堆肥设备

a.槽式堆肥成套设备包括进出料设备、发酵设备和自控设备等。

b.发酵设备主要包括翻堆设备和通风设备，要求如下：

a）物料翻堆设备应使用翻堆机，并配备移行车实现翻堆机的换槽功能；

b）堆体通风设备应使用风机，并根据风压和风量要求，选择单槽单台或多槽分段多台风机。

（3）反应器堆肥设备

a.反应器堆肥设备按进出料方式分为动态反应器和静态反应器。

b.动态反应器主要包括筒仓式、滚筒式和箱式等类型，设备系统特性如下：

a）筒仓式堆肥反应器是一种立式堆肥设备，从顶部进料底部出料，应配置上料、搅拌、通风、出料、除臭和自控等系统；

b）滚筒式堆肥反应器是一种卧式堆肥设备，使用滚筒抄板混合和移动物料，应配置上料、通风、出料、除臭和自控系统；

c）箱式堆肥反应器是一种卧式堆肥设备，使用箱体内部输送带承载、移动和混合物料，应配置上料、通风、出料、除臭和自控等系统。

（3）静态反应器主要包括箱式和隧道式等类型。

4.后处理设备

后处理设备主要包括筛分机和包装机等。

（七）堆肥质量评价

1.堆肥产物质量要求

堆肥产物应符合表1的要求。

表 1　堆肥产物质量要求

项目	指标
有机质含量（以干基计），%	≥ 30
水分含量，%	≤ 45
种子发芽指数（GI），%	≥ 70
蛔虫卵死亡率，%	≥ 95
粪大肠菌群数，个/g	≤ 100
总砷（As）（以干基计），mg/kg	≤ 15
总汞（Hg）（以干基计），mg/kg	≤ 2
总铅（Pb）（以干基计），mg/kg	≤ 50
总镉（Cd）（以干基计），mg/kg	≤ 3
总铬（Cr）（以干基计），mg/kg	≤ 150

2. 采样

堆肥产物样品采样方法、样品记录和标识按照GB/T 25169—2010中第5章的规定执行，其中采样过程按照5.3.2的规定执行。样品的保存按照GB/T 25169—2010中第8章的规定执行。

（八）检测方法

1. 水分含量的测定

按照GB/T 8576的规定执行。

2. 酸碱度的测定

按照附录B的规定执行。

3. 有机质含量的测定

按照附录C的规定执行。

4. 总氮的测定

按照 GB/T 17767.1的规定执行。

5. 种子发芽指数的测定

按照附录 D 的规定执行。

6. 粪大肠菌群数的测定

按照 GB/T 19524.1的规定执行。

7. 蛔虫卵死亡率的测定

按照 GB/T 19524.2的规定执行。

8. 砷的测定

按照 GB/T 23349的规定执行。

9. 汞的测定

按照 GB/T 23349的规定执行。

10. 铅的测定

按照 GB/T 23349的规定执行。

11. 镉的测定

按照 GB/T 23349的规定执行。

12. 铬的测定

按照 GB/T 23349的规定执行。

附录 A
（规范性附录）
堆体温度测定方法

A.1 适用范围

适用于高温堆肥堆体内温度的测定。

A.2 仪器

选择金属套筒温度计或热敏数显测温装置。

A.3 测定

A.3.1 将堆体自顶层到底层分成4段，自上而下测量每一段中心的温度，取最高温度。测温点示意图见图 A.1a）和图 A.2a）。

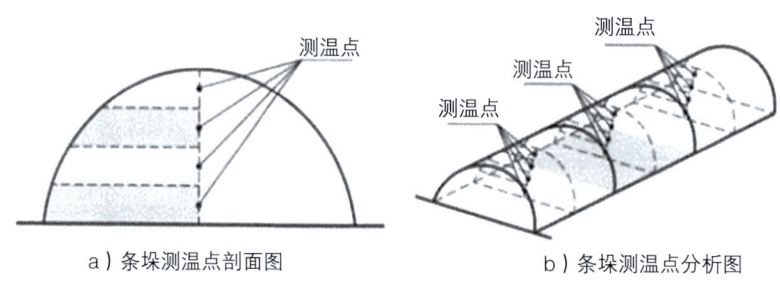

a）条垛测温点剖面图　　　　b）条垛测温点分析图

图 A.1 条垛堆肥测温示意图

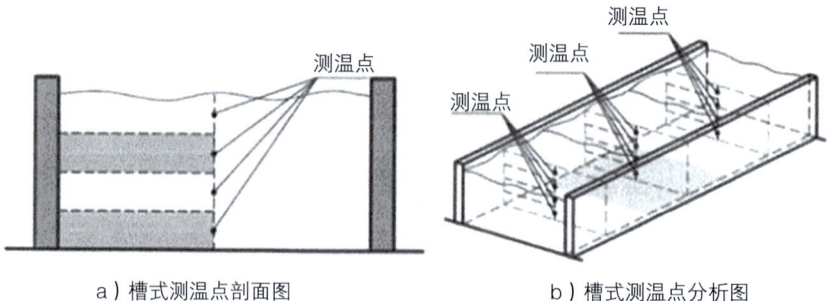

a）槽式测温点剖面图　　　　b）槽式测温点分析图

图 A.2 槽式堆肥测温示意图

A.3.2 在整个堆体上至少选择3个位置，按 A.3.1 测出每一部位的最高温度。分布用 T_1、T_2、T_3 等表示。测温点示意图见图 A.1b）和图 A.2b）。

A.3.3 堆体温度取 T_1、T_2、T_3 等测得温度值的平均值。

A.3.4 在堆肥周期内应每天测试温度。

附录 B
（规范性附录）
酸碱度的测定方法 pH 计法

B.1 方法原理

试样经水浸泡平衡，直接用 pH 酸度计测定。

B.2 仪器

pH 酸度计；玻璃电极和饱和甘汞电极，或 pH 复合电极；振荡机或搅拌器。

B.3 试剂和溶液

B.3.1 pH 4.01标准缓冲液：称取经110 ℃烘1 h的邻苯二钾酸氢钾（$KHC_8H_4O_4$）10.21 g，用水溶解，稀释定容至1 L。

B.3.2 pH 6.87标准缓冲液：称取经120 ℃烘2 h的磷酸二氢钾（KH_2PO_4）3.398 g和经120 ℃~130 ℃烘2 h的无水磷酸氢二钠（Na_2HPO_4）3.53 g，用水溶解，稀释定容至1L。

B.3.3 pH 9.18标准缓冲液：称取硼砂（$Na_2B_4O_7·10H_2O$）（在盛有蔗糖和食盐饱和溶液的干燥器中平衡一周）3.81 g，用水溶解，稀释定容至1L。

B.4 pH 计的校正

B.4.1 依照仪器说明书，至少使用2种 pH 标准缓冲溶液（B.3.1、B.3.2、B.3.3）进行 pH 计的校正。

B.4.2 将盛有缓冲溶液并内置搅拌子的烧杯置于磁力搅拌器上，开启磁力搅拌器。

B.4.3 用温度计测量缓冲溶液的温度，并将 pH 计的温度补偿旋钮调节到该温度上。有自动温度补偿功能的仪器，此步骤可省略。

B.4.4 搅拌平稳后将电极插入缓冲溶液中，待读数稳定后读取 pH。

B.5 试样溶液 pH 的测定

称取过 ϕ1mm 筛的风干样5.0 g 于100 mL 烧杯中，加50 mL 水（经煮沸驱除二氧化碳），搅动15 min，静置30 min，用 pH 酸度计测定。

注：测量时，试样溶液的温度与标准缓冲溶液的温度之差不应超过1 ℃。

B.6 允许差

取平行测定结果的算术平均值为最终分析结果，保留1位小数。平行分析结果的绝对差值不大于0.2 pH 单位。

附录 C
（规范性附录）
有机质含量的测定 重铬酸钾容量法

C.1 方法原理

用定量的重铬酸钾－硫酸溶液，在加热条件下，使有机肥料中的有机碳氧化，多余的重铬酸钾用硫酸亚铁标准溶液滴定，同时以二氧化硅为添加物作空白试验。根据氧化前后氧化剂消耗量，计算有机碳含量，乘以系数 1.724，为有机质含量。

C.2 仪器、设备

水浴锅；分析天平（感量为0.000 1 g）。

C.3 试剂和材料

除非另有说明，在分析中仅使用确认为分析纯的试剂。

C.3.1 二氧化硅：粉末状。

C.3.2 浓硫酸（ ρ =1.84 g/cm^3 ）。

C.3.3 重铬酸钾（$K_2Cr_2O_7$）标准溶液：$c(1/6K_2Cr_2O_7)=0.1\,mol/L$。

称取经过130℃烘3h~4h的重铬酸钾（基准试剂）4.903 1 g，先用少量水溶解，然后转移入1L容量瓶中，用水稀释至刻度，摇匀备用。

C.3.4 重铬酸钾溶液：$c(1/6K_2Cr_2O_7)=0.8\,mol/L$。

称取重铬酸钾39.23 g，先用少量水溶解，然后转移入1L容量瓶中，稀释至刻度，摇匀备用。

C.3.5 硫酸亚铁（$FeSO_4$）标准溶液；$c(FeSO_4)=0.2\,mol/L$。

称取（$FeSO_4·7H_2O$）55.6 g，溶于900 mL水中，加硫酸（C.3.2）20 mL溶解，稀释定容至1L，摇匀备用（必要时过滤）。此溶液的准确浓度以0.1 mol/L重铬酸钾标准溶液（C.3.3）标定，现用现标定。

$C(FeSO_4)=0.2\,mol/L$标准溶液的标定：吸取重铬酸钾标准溶液（C.3.3）20.00mL加入150mL三角瓶中，加硫酸（C.3.2）3 mL~5 mL和2滴~3滴邻啡啰啉指示剂（C.3.6），用硫酸亚铁标准溶液（C.3.5）滴定。根据硫酸亚铁标准溶液滴定时的消耗量按式（C.1）计算其准确浓度C。

$$C=\frac{C_1 \times V_1}{V_2} \quad\quad\quad\quad\quad (C.1)$$

式中：

C_1——重铬酸钾标准溶液的浓度，单位为摩尔每升（mol/L）；

V_1——吸取重铬酸钾标准溶液的体积，单位为毫升（mL）；

V_2——滴定时消耗硫酸亚铁标准溶液的体积，单位为毫升（mL）。

C.3.6 邻啡啰啉指示剂

称取硫酸亚铁0.695 g和邻啡啰啉1.485 g溶于100 mL水，摇匀备用。此指示剂易变质，应密闭保存于棕色瓶中。

C.4 试验步骤

称取过 ϕ 1mm筛的风干试样0.2 g~0.5 g（精确至0.000 1 g），置于500 mL的三角瓶中，准确加入0.8mol/L重铬酸钾溶液（C.3.4）50.0 mL，再加入50.0 mL浓硫酸（C.3.2），加一弯颈小漏斗，置于沸水中，待水沸腾后保持30 min。取出冷却至室温，用水冲洗小漏斗，洗液承接于三角瓶中。取下三角瓶，将反应物无损转入250 mL容量瓶中，冷却至室温，定容，吸取50.0 mL溶液于250 ml三角瓶内，加水约至100mL，加2滴~3滴邻啡啰啉指示剂（C.3.6），用0.2mol/L硫酸亚铁标准溶液（C.3.5）滴定近终点时，溶液由绿色变成暗绿色，再逐滴加入硫酸亚铁标准溶液直至生成砖红色为止。同时，称取0.2g（精确至0.001g）二氧化硅（C.3.1）代替试样，按照相同分析步骤，使用同样的试剂，进行空白试验。

如果滴定试样所用硫酸亚铁标准溶液的用量不到空白试验所用硫酸亚铁标准溶液用量的1/3时，则应减少称样量，重新测定。

C.5 分析结果的表述

有机质含量以肥料的质量分数表示（W），单位为百分率（%），按式（C.2）计算。

$$W = \frac{c(V_0-V) \times 0.003 \times 100 \times 1.5 \times 1.724 \times D}{m(1-X_0)} \quad \cdots\cdots\cdots\cdots（C.2）$$

式中：

c——标定标准溶液的摩尔浓度，单位为摩尔每升（mol/L）；

V_0——空白试验时，消耗标定标准溶液的体积，单位为毫升（mL）；

V——样品测定时，消耗标定标准溶液的体积，单位为毫升（mL）；

0.003——1/4碳原子的摩尔质量，单位为克每摩尔（g/mol）；

1.724——由有机碳换算为有机质的系数；

1.5——氧化校正系数；

m——风干样质量，单位为克（g）；

X_0——风干样含水量；

D——分取倍数，定容体积/分取体积，250/50。

C.6 允许差

取平行分析结果的算术平均值为测定结果。平行测定结果的绝对差值应符合如下要求：

a）平行测定结果的绝对差值应符合表C.1的要求。

表 C.1

有机质（w），%	绝对差值，%
$w \leq 40$	0.6
$40 < w < 55$	0.8
$w \geq 55$	1.0

b）不同实验室测定结果的绝对差值应符合表 C.2 的要求。

表 C.2

有机质（w），%	绝对差值，%
$w \leq 40$	1.0
$40 < w < 55$	1.5
$w \geq 55$	2.0

附录 D

（规范性附录）

种子发芽指数（GI）的测定方法

D.1 主要仪器和试剂

培养皿、滤纸、去离子水（或蒸馏水）、往复式水平振荡机、恒温培养箱。

D.2 试验步骤

D.2.1 称取堆肥样品10.0 g，置于250 mL 锥形瓶中，按固液比（质量／体积）1∶10加入100mL 的去离子水或蒸馏水，盖紧瓶盖后垂直固定于往复式水平振荡机上，调节频率不小于100次／min，振幅不小于40 mm，在室温下振荡浸提1h，取下静置0.5 h后，取上清液于预先安装好滤纸的过滤装置上过滤，收集过滤后的浸提液，摇匀后供分析用。

D.2.2 在9 cm培养皿中垫上2张滤纸，均匀放入10粒大小基本一致、饱满的黄瓜（或萝卜）种子，加入堆肥浸提液5 mL，盖上皿盖，在25 ℃的培养箱中避光培养48 h，统计发芽率和测量根长。每个样品做3个重复，以去离子水或蒸馏水作对照。

D.3 计算

种子发芽指数（GI）按式（D.1）计算。

$$GI = \frac{A_1 \times A_2}{B_1 \times B_2} \times 100 \quad\cdots\cdots\cdots\cdots\cdots（D.1）$$

式中：

A_1——堆肥浸提液的种子发芽率，单位为百分率（%）；

A_2——堆肥浸提液培养种子的平均根长，单位为毫米（mm）；

B_1——去离子水的种子发芽率，单位为百分率（%）；

B_2——去离子水培养种子的平均根长，单位为毫米（mm）。

附 录

中华人民共和国国家标准
GB/T 25246—2010

畜禽粪便还田技术规范
Technology code for land application rates
of livestock and poultry manure

2010-09-26发布　　　　2011-03-01实施

中华人民共和国国家质量监督检验检疫总局
中国国家标准化管理委员会发布

前　言

本标准附录 A 为资料性附录。

本标准由中华人民共和国农业部提出。

本标准由全国畜牧业标准化技术委员会归口。

本标准起草单位：农业部环境保护科研监测所。

本标准主要起草人：王德荣、沈跃、张泽、毛建华、许前欣、师荣光。

畜禽粪便还田技术规范

（一）范围

本标准规定了畜禽粪便还田术语和定义、要求、限量、采样及分析方法。

本标准适用于经无害化处理后的畜禽粪便、堆肥以及以畜禽粪便为主要原料制成的各种肥料在农田中的使用。

（二）规范性引用文件

下列文件中的条款通过本标准的引用而成为本标准的条款。凡是注日期的引用文件，其随后所有的修改单（不包括勘误的内容）或修订版均不适用于本标准，然而，鼓励根据本标准达成协议的各方研究是否可使用这些文件的最新版本。凡是不注日期的引用文件，其最新版本适用于本标准。

GB 7959—1987　粪便无害化卫生标准

GB/T 17134　土壤质量　总砷的测定　二乙基二硫代氨基甲酸银分光光度法

GB/T 17138　土壤质量　铜、锌的测定　火焰原子吸收分光光度法

GB/T 17419　含氨基酸叶面肥料

GB/T 17420　微量元素叶面肥料

NY/T 1168　畜禽粪便无害化处理技术规范

（三）术语和定义

下列术语和定义适用于本标准。

安全使用 safety using

畜禽粪便作为肥料使用，应使农产品产量、质量和周边环境没有危险，不受到威胁。畜禽粪肥施于农田，其卫生学指标、重金属含量、施肥用量及注意要点应达到本标准提出的要求。

（四）要求

无害化处理

1. 畜禽粪便还田前，应进行处理，且充分腐熟并杀灭病原菌、虫卵和杂草种子。

2. 制作堆肥以及以畜禽粪便为原料制成的商品有机肥、生物有机肥、有机复合肥，其卫生学指标应符合表1的规定。

表 1　堆肥的卫生学要求

项目	要求
蛔虫卵死亡率	95%～100%
粪大肠菌值	$10^{-1} \sim 10^{-2}$
苍蝇	堆肥中及堆肥周围没有活的蛆、蛹或新孵化的成蝇

3. 制作沼气肥，沼液和沼渣应符合表2的规定。沼渣出池后应进行进一步堆制，充分腐熟后才能使用。

4. 粪便的收集、贮存及处理技术要求，应按 NY/T 1168规定执行。

5. 根据施用不同 pH 的土壤，以畜禽粪便为主要原料的肥料中，其畜禽粪便的重金属含量限值应符合表3的要求。

表2 沼气肥的卫生学要求

项 目	要 求
蛔虫卵沉降率	95%以上
血吸虫卵和钩虫卵	在使用的沼液中不应有活的血吸虫卵和钩虫卵
粪大肠菌值	$10^{-1} \sim 10^{-2}$
蚊子、苍蝇	有效地控制蚊蝇孳生,沼液中无孑孓,池的周边无活蛆、蛹或新羽化的成蝇
沼气池粪渣	应符合表1的要求

表3 制作肥料的畜禽粪便中重金属含量限值(干粪含量)

单位:mg/kg

项 目		土壤 pH		
		< 6.5	6.5~7.5	> 7.5
砷	旱田作物	50	50	50
	水稻	50	50	50
	果树	50	50	50
	蔬菜	30	30	30
铜	旱田作物	300	600	600
	水稻	150	300	300
	果树	400	800	800
	蔬菜	85	170	170
锌	旱田作物	2 000	2 700	3 400
	水稻	900	1 200	1 500
	果树	1 200	1 700	2 000
	蔬菜	500	700	900

（二）安全使用

1. 使用原则

畜禽粪便作为肥料应充分腐熟，卫生学指标及重金属含量达到本标准的要求后方可施用。畜禽粪便单独或与其他肥料配施时，应满足作物对营养元素的需要，适量施肥，以保持或提高土壤肥力及土壤活性。肥料的使用应不对环境和作物产生不良后果。

2. 施用方法

（1）基肥（基施）

a）撒施：在耕地前将肥料均匀撒于地表，结合耕地把肥料翻入土中，使肥土相融，此方法适用于水田、大田作物及蔬菜作物；

b）条施（沟施）：结合犁地开沟，将肥料按条状集中施于作物播种行内，适用于大田、蔬菜作物；

c）穴施：在作物播种或种植穴内施肥，适用于大田、蔬菜作物；

d）环状施肥（轮状施肥）：在冬前或春季，以作物主茎为圆心，沿株冠垂直投影边缘外侧开沟，将肥料施入沟中并覆土，适用于多年生果树施肥。

（2）追肥（追施）

a）腐熟的沼渣、沼液和添加速效养分的有机复混肥可用作追肥；

b）条施：使用方法同基施中的条施。适用于大田、蔬菜作物；

c）穴施：在苗期按株或在两株间开穴施肥，适用于大田、蔬菜作物；

d）环状施肥：使用方法同基施中的环状施肥。适用于多年生果树；

e）根外追肥：在作物生育期间，采用叶面喷施等方法，迅速补充营养满足作物生长发育的需要。

3. 沼液用作叶面肥施用时，其质量应符合 GB/T 17419 和 GB/T 17420 的技术要求。春、秋季节，宜在上午露水干后（约10:00）进行，夏季以傍晚为好，中午高温及雨天不要喷施。喷施时，以叶面为主。沼液浓度视作物品种、生长期和气温而定，一般需要加清水稀释。在作物幼苗、嫩叶期和夏季高温期，应充分稀释，防止对植株造成危害。

4. 条施、穴施和环状施肥的沟深、沟宽应按不同作物、不同生长期的相应生产技术规程的要求执行。

5. 畜禽粪肥主要用作基肥，施肥时间秋施比春施效果好。

6. 在饮用水源保护区不应施用畜禽粪肥。在农业区使用时应避开雨季，施入裸露农田后应在24 h内翻耕入土。

（三）还田限量

1. 以生产需要为基础，以地定产、以产定肥。

2. 根据土壤肥力，确定作物预期产量（能达到的目标产量），计算作物单位产量的养分吸收量。

3. 结合畜禽粪便中营养元素的含量、作物当年或当季的利用率，计算基施或追施应投加的畜禽粪便的量。

4. 畜禽粪便的农田施用量计算公式和施用限量参考值、相应参数可参照附录A执行。

5. 沼液、沼渣的施用量应折合成干粪的营养物质含量进行计算。

6. 小麦、水稻、果园和菜地畜禽粪便的使用限量见表4、表5和表6。

表4 小麦、水稻每茬猪粪使用限量

单位：t/hm²

农田本底肥力水平	I	II	III
麦和玉米田施用限量	19	16	14
稻田施用限量	22	18	16

表5 果园每年猪粪使用限量

单位：t/hm²

果树种类	苹果	梨	柑橘
施用限量	20	23	29

表6 菜地每茬猪粪使用限量

单位：t/hm²

蔬菜种类	黄瓜	番茄	茄子	青椒	大白菜
使用限量	23	35	30	30	16

注：以上限值均指在不施用化肥情况下，以干物质计算的猪粪肥料的使用限量。如果施用牛粪、鸡粪、羊粪等肥料可根据猪粪换算，其换算系数为：牛粪（0.8），鸡粪（1.6），羊粪（1.0）。

（五）采样和分析方法

1. 采样方法

（1）采样地点的确定

根据粪肥质量（或体积）确定取样点（个）数，见表7。

表7 畜禽粪肥的取样点数

质量 /t	取样点个数
< 5	5
5～30	11
> 30	14

注：取样时应交叉或梅花形布点取样。

（2）采样要求

取样点的位置：应离地面15 cm以上，距肥堆顶部5～10 cm以下。每个样品取200 g，混匀后（按取样点数要求，多个样品混合）缩分为4。在1/4样品中，去除土块等杂物后，留取250 g供分析化验用。

（3）采样工具

用土钻或铁锹等均可。

2.监测频率

使用前：监测一次。

存放期：3个月～6个月监测一次。

3.分析方法

（1）粪大肠菌值

按照GB 7959-1987附录A规定执行。

（2）蛔虫卵死亡率

按照GB 7959—1987附录B规定执行。

（3）寄生虫卵沉降率

按照GB 7959—1987附录C规定执行。

（4）钩虫卵数

按照GB 7959—1987附录D规定执行

（5）血吸虫卵数

按照GB 7959—1987附录E规定执行。

（6）总砷

按GB/T 17134执行。

（7）铜、锌

按GB/T 17138执行。

附录 A

（资料性附录）
施肥量计算的推荐公式及相应参数的确定

A.1 在有田间试验和土肥分析化验的条件下施肥量的确定

A.1.1 计算公式

$$N = \frac{A-S}{d \times r} \times f \quad \cdots\cdots\cdots\cdots （A.1）$$

式中：

N —— 一定土壤肥力和单位面积作物预期产量下需要投入的某种畜禽粪便的量，单位为吨每公顷（t/hm^2）；

A —— 预期单位面积产量下作物需要吸收的营养元素的量，单位为吨每公顷（t/hm^2）；

S —— 预期单位面积产量下作物从土壤中吸收的营养元素量（或称土壤供肥量），单位为吨每公顷（t/hm^2）；

d —— 畜禽粪便中某种营养元素的含量，%；

r —— 畜禽粪便的当季利用率，%；

f —— 当地农业生产中，施于农田中的畜禽粪便的养分含量占施肥总量的比例，%。

A.1.2 相应参数的确定

A.1.2.1 A 的确定（t/hm^2）

$$A = y \times a \times 10^{-2} \quad \cdots\cdots\cdots\cdots （A.2）$$

式中：

y —— 预期单位面积产量，单位为吨每公顷（t/hm^2）；

a —— 作物形成 100 kg 产量吸收的营养元素的量，单位为千克（kg）。

主要作物 a 可参照表 A.1。不同作物、同种作物的不同品种及地域因素等导致作物形成100 kg 产量吸收的营养元素的量各不相同，a 值选择应以地方农业管理、科研部门公布的数据为准。

表 A.1 作物形成 100 kg 产量吸收的营养元素的量

作物种类	氮/kg	磷/kg	钾/kg	产量水平/（t/hm²）
小麦	3.0	1.0	3.0	4.5
水稻	2.2	0.8	2.6	6
苹果	0.3	0.08	0.32	30
梨	0.47	0.23	0.48	22.5
柑橘	0.6	0.11	0.4	22.5
黄瓜	0.28	0.09	0.29	75
番茄	0.33	0.1	0.53	75
茄子	0.34	0.1	0.66	67.5
青椒	0.51	0.107	0.646	45
大白菜	0.15	0.07	0.2	90

注：表中作物形成 100 kg 产量吸收的营养元素的量为相应产量水平下吸收的量。

A.1.2.2 S 的确定（t/hm²）

$$S = 2.25 \times 10^{-3} \times c \times t \quad \cdots\cdots\cdots\cdots (A.3)$$

式中：

2.25×10^{-3}——土壤养分的"换算系数"，20 cm 厚的土壤表层（耕作层或称为作物营养层），其每公顷总重约为225万 kg，那么1 mg/kg的养分在一公顷地中所含的量为：2 250 000 kg/hm² × 1 mg/kg 即 2.25×10^{-3} t/hm²；

c——土壤中某营养元素以 mg/kg 计的测定值；

t ——土壤养分校正系数。因土壤具有缓冲性能，故任一测定值，只代表某一养分的相对含量，而不是一个绝对值，不能反映土壤供肥的绝对量。因此，还要通过田间实验，找到实际有多少养分可被吸收，其占所测定值的比重，称为土壤养分的"校正系数"。在实际应用中，可实际测定或根据当地科研部门公布的数据进行计算。

A.1.2.3 d 的确定

畜禽粪便中某种营养元素的含量，因畜禽种类、畜禽粪便的收集与处理方式不同而差别较大。施肥量的确定应根据某种畜禽粪便的营养成分进行计算。

A.1.2.4 r 的确定

畜禽粪便养分的当季利用率，因土壤理化性状、通气性能、温度、湿度等条件不同，一般在25%~30%范围内变化，故当季吸收率可在此范围内选取或通过田间试验确定。

A.1.2.5 f 的确定

应根据当地的施肥习惯，确定粪料作为基肥和（或）追肥的养分含量占施肥总量的比例。

A.2 不具备田间试验和土肥分析化验的条件下施肥量的确定

A.2.1 计算公式

$$N = \frac{A \times P}{d \times r} \times f \quad\quad\quad\quad (A.4)$$

式中：

N ——一定土壤肥力和单位面积作物预期产量下需要投入的某种营养元素的量，t/hm²；

A ——预期单位面积产量下作物需要吸收的营养元素的量，t/hm²；

p ——由施肥创造的产量占总产量的比例，%；

d ——畜禽粪便中某种营养元素的含量，%；

r ——畜禽粪便养分的当季利用率，%；

f ——畜禽粪便的养分含量占施肥总量的比率，%。

A.2.2 相应参数的确定

A.2.2.1 A、d、r、f的确定,见 A.1.2.1、A.1.2.3、A.1.2.4、A.1.2.5。

A.2.2.2 由施肥创造的产量占总产量的比例可参照表 A.2、表 A.3选取。

表 A.2 不同土壤肥力下作物由施肥创造的产量占总产量的比例(p)

项 目	土地肥力		
	I	II	III
p	30%~40%	40%~50%	50%~60%

表 A.3 土壤肥力分级指标

单位:g/kg

项目		不同肥力水平的土壤全氮含量		
		I	II	III
土地类别	旱地(大田作物)	>1.0	0.8~1.0	<0.8
	水田	>1.2	1.0~1.2	<1.0
	菜地	>1.2	1.0~1.2	<1.0
	果园	>1.0	0.8~1.0	<0.8